U0021431

台灣商業策略大全

大全

陳宗賢 教授——著

布局台灣
向世界突圍的
14個致勝關鍵

代工、國際貿易、OMO、跨境、敏捷、
斜槓、接班、行銷業務、人資、產銷、
財會、研發商開、資訊、經營管理

目錄

自序   007

各界好評推薦語   009

Part 1　經營的變與不變

Chapter 1-1　代工 已經式微，但是不會消失   016

Chapter 1-2　國際貿易 區域化比全球化更有競爭力   044

Chapter 1-3　OMO 打通線上線下結界   064

Chapter 1-4　跨境 才能成為國際級企業   084

Chapter 1-5　敏捷 管理才能留下新世代菁英   104

Chapter 1-6　斜槓 終結傳統雇用模式   126

Chapter 1-7　接班 才能永續經營   152

Part 2　管理的變與不變

Chapter 2-1　行銷業務 從 B2B、B2C 到 C2B   174

Chapter 2-2　人資 從管控到發展   202

Chapter 2-3　產銷 從台灣外銷全世界到短鏈革命   224

Chapter 2-4　財會 從量入為出到量出為入   242

Chapter 2-5　研發商開 從模仿、專精到創新、複合   258

Chapter 2-6　資訊 從面對面互動到雲端即時化   274

Chapter 2-7　經營管理 謀定後動的策略地圖   292

首先要感謝墨刻的林開富先生邀稿,更感謝我聯聖企管同仁的潤稿,讓我多年來的心願得以實現。

很多上過我的課程,以及接受我輔導的企業界朋友,都常跟我提到,有機會應將這近50年來見證過的台灣過去、現在的產業經濟變化與發展歷程整理、提供給社會上的有心人參考,讓年輕的朋友們能完整的洞悉台灣的產業經濟史,方不會斷章取義或道聽塗說。

這本書我採用了台灣經濟、產業與社會各面向的過去、現在與未來方式來重點描述,分享給有心人士。

我常強調,400多年來台灣是靠國際貿易接軌世界,因此從純貿易到代工,進而國際化產銷,現更進化為就近供貨的區域經濟布局,加上台灣現在面臨的接班與世代交替現象,就成為 Part 1 的主軸。

Part 2 則是用我所提出的企業經營已從過去的「產銷人發財」演變為「行人生財研總資管」八大領域的功能面向,跟大家從過去、現

在與未來進行分析與建議，也同時提出各相關對策，供有心人士參考，進而創造更佳的績效表現。

在此書中，我提到企業面對的轉念、轉變與轉型的困擾與轉折，所以就提出多年來我的經營創新對策，經過證實有效的方法，讓大家參考、運用，藉以變革。

雖然各個功能的經營對策，在我已出版的30餘本書中均有一一提供，但是總體的完整敘述，是此書的關鍵重點，讓讀者可從時代的演進中，了解變革提升的重要性，期望在大家用心促成下完成的此書，能提供大家快速簡潔的了解一切，也從中得到我是如何在71家專業總經理與執行長的任內讓企業創造轉型，並達到十倍到百倍的績效與利潤成長，並讓公司成為業界前三大的經營心法。

 敬筆

　　陳宗賢教授精闢點出經營與管理在過去、現在和未來面臨的議題，隨著世代交替與數位轉型，經營思維與管理模式皆需與時俱進。

　　尤其現階段面對企業人才短缺、國際環境、通貨膨脹及後疫情等不可控的變動時代，能迅速調整企業體質，建構優質團隊，強化企業核心競爭力，運用分權及敏捷管理模式擴大企業國際版圖，以達到企業永續經營的目標，方是能在未來勝出的關鍵。

　　本書彙整陳教授多年實務經驗及案例分享，全方位探討剖析企業內外部面臨的問題，不藏私地提供有效且可執行的方案，是值得分享給企業管理經營者的一本好書。

大毅科技股份有限公司董事長　江財寶

拜讀縱橫數十家企業高層屢創佳績的巨擘畢生智慧結晶，陳教授教會我的事不勝枚舉，他看透各時期的經濟創新趨勢，前瞻做好完美部署，讓企業經營邁向巔峰。

公開讚美激勵，委任分權整合管理，教育訓練打造菁英團隊，結合異業永續成長，為本公司經營理念，與陳教授獨見若合符節，深信精研此書定能助我企業日益茁壯！

台灣歐德傢俱股份有限公司董事長　陳國都

欣聞亞洲管理大師陳宗賢教授的企業經營管理各種模式之對策書即將集結出版，猶如古代聽聞武功秘笈問世。

我是聯聖 CEO 班的「老」學生，長期上課是學習知識，知識的應用需要反覆實踐、非一蹴即成，武功祕笈一書在手可隨時翻閱，特別是目錄在各章節標題編輯「關鍵字」，也是「工具書」，更是方便讀者查詢。向陳教授的舊雨新知極力推薦！

邦特生物科技股份有限公司執行長　李明忠

受到陳宗賢教授新書的推薦邀請，內心誠惶誠恐。回想 2002 年味丹要召開團隊討論 5 年策略發展，訂定願景使命及策略，當時邀請陳教授蒞臨味丹，並安排一個 40 天顧問指導專案，請陳教授貼身指導味丹的經營團隊，因為陳教授本身理論及實務的深厚根基，方讓味丹團隊從一知半解、懵懵懂懂的狀態，慢慢統合，打通任督二脈的效果，讓同仁清楚地能夠透過市場分析、整理及消費趨勢的發展，充分討論後，找出公司發展的方向，確實按部就班的操作，才能維繫公司的永續發展。

　　陳教授這本新書，就是結合企業經營過去 20 年及展望未來 20 年的實務書面整理，讓我們可以更清楚企業的發展，如何可以更宏觀地找到定位，確認一條屬於自己企業體質的脈絡，確實把自己的強項深入的演練，創造一個強而有力的核心能力，讓企業能持續的發光發亮。

味丹集團執行董事　楊坤洲

本書作者見證了台灣半個世紀以來產業經濟的變化與發展，也協助許多企業從中成長茁壯。書中詳載了企業經營管理應與時俱進的新知、新法及經營心法，淺顯易懂的文字中看見了作者的佛心，更薈萃了企業經營管理的精髓，堪稱是企業轉型必讀寶典，也是企業共學共好的良方。

東盟開發實業股份有限公司董事長　黃忠誠

　　《台灣商業策略大全》在千呼萬促下終於出版。

　　在這商業環境、消費者需求與消費方式不斷轉與變的新時代，台灣企業領導人最需要的是：掌握「不變」與「巧變」。

　　跟隨本書的架構檢視精進，亦如能跟隨陳教授的指導，乃是台灣企業之福。

阿瘦實業股份有限公司董事長　羅榮岳

沿守舊習，只會措手不及。

否定昨天的自己，是今天進步的累積。

疫情後，消費行為與勞動價值觀快速改變，企業應在創新的對策下，參考過往數據，施行現況分析，進而轉念規劃一個突破性的未來。

承襲教授理念，跟上時代演進，做出經營改革！

科定企業股份有限公司董事長 **曹憲章**

陳教授解析過去、現在世界經濟發展脈絡，帶領讀者看見已見的未來經營管理模式。書中從接班團隊培養談永續經營共榮，從國際布局談領域產業鏈共好，從集權中心化談敏捷管理去中心化共創。本書提醒面對 VUCA 霧卡時代做好轉念變革的準備，鼓勵新世代當責，學習型組織持續改善，可以活出自己的使命感。

新加坡商鈦坦科技總經理 **李境展**

1
PART

經營的變與不變

經營≠管理。經營偏重在將「無」發展成「有」,管理偏重在管控「有」的異常,減少耗損。本篇以經營的角度出發,針對台灣企業最應聚焦的 7 個關鍵詞,娓娓道來它們的過去與現在,再針對它們未來的趨勢變化,提出可供參考與實作的觀察分析,及如何應變與轉型的對策。

Chapter 1-1　**代工** 已經式微，但是不會消失

Chapter 1-2　**國際貿易** 區域化比全球化更有競爭力

Chapter 1-3　**OMO** 打通線上線下結界

Chapter 1-4　**跨境** 才能成為國際級企業

Chapter 1-5　**敏捷** 管理才能留下新世代菁英

Chapter 1-6　**斜槓** 終結傳統雇用模式

Chapter 1-7　**接班** 才能永續經營

Chapter 1-1

代工
已經式微，但是不會消失

» 過去

台灣是靠代工創造經濟奇蹟

台灣產業的變化，從歷史的演進來看，可以分成 3 個階段：

一、1950 年以前：台灣的基礎經濟
二、1950 年到 1970 年：台灣的止跌回升
三、1970 年到 1990 年：台灣的第一次經濟奇蹟

1950 年以前可以說是台灣基礎經濟奠基的時候。這要從 1945 年二次大戰之前開始談起，這一段過程是日治時期的台灣，台灣能有今天，其實可以歸功於日本人統治台灣期間，不管是農業或輕工業基礎，各方面的奠基都非常深，所以對於日本人對台灣的建設，我們應該要正視和肯定。

舉例來說，1900 年代全世界有路燈的城市中，台北就是其中之一，可見日本人刻意地將台灣打造成他們在海外的最大「航空母艦」，因為他們看到台灣有一個非常富庶的土地。

首先，台灣適合發展農業。再者，台灣是全世界少有的

一個能在 2 小時內從高山快速抵達海洋的地方，這也是很多歐美人士非常喜歡台灣的原因，因為他們可以同時看到山和海。

1945 年以前，日本對台灣的建設其實非常落實，不只有輕工業基礎，台灣的發電設備，以及幾個水庫、電廠，也都是日本人蓋的，比如我們所熟悉的烏山頭水庫就是日本人八田與一蓋的，烏山頭水庫造就了嘉南平原的農業快速發展上來。

那個年代的台灣，不管是經濟發展，還是人民富裕程度，其實都超越中國大陸，只是因為二次大戰末期，台灣被美國為首的盟軍轟炸摧毀，才導致 1950 年代的台灣變得非常貧窮。

而日本人在台灣除了打造農業和輕工業的基礎之外，其實也打造了公共建設，最重要的就是機場。雖然最初蓋機場的目的是為了軍事用途，但是不可否認的，這對二次大戰之後的台灣能夠快速恢復上來是很重要的關鍵。

另外，我們熟知的歷史寫了台灣的鐵路是中國清朝首任台灣巡撫劉銘傳蓋的，可是我們也不要忘了劉銘傳蓋了雞籠

至竹塹鐵路不久，1894 年就爆發甲午戰爭，1895 年中日簽署馬關條約之後，台灣就被割讓給日本，所以台灣今天的鐵路其實是日本奠基的，日本是非常用心地在打造台灣，因此我將日治時期稱為台灣基礎經濟的奠基時代。

1950 年至 1970 年，對台灣來說，是一個非常重大的轉變。因為 1945 年二次大戰結束之後，台灣整個農業和輕工業基礎都被摧毀了，直到 1949 年國民黨在國共內戰中被共產黨打敗，從中國退守台灣後，才逐漸改變台灣的所有一切。

換言之，1945 年日本在二次大戰中戰敗，放棄台灣後，台灣是被當時的盟軍最高統帥麥克阿瑟交給中國的國民黨政府接管，只是當時的國民黨政府無心想要好好治理台灣，幾乎把台灣丟在一邊。

這一點從 1945 年國民黨政府派陳儀來治理台灣，結果在 1947 年釀成二二八事件的大禍，讓台灣陷入混亂，就可印證。

台灣陷入混亂，最顯著的就是 1947 年至 1949 年，台灣進入通貨膨脹時代，當時台灣通膨導致的物價上漲可以一天漲到 200 倍。當時我的父親是公務員，常常早上領了薪水，

下午就要趕緊去買米，因為下午物價就會因為通膨而大漲。

換言之，1947 年至 1949 年，台灣在執政者處置不當下，民生經濟並沒有恢復上來。

直到 1949 年，從中國退守台灣的國民黨政府意識到自己已無處可去，為了將台灣作為反攻大陸的基地，才決定用心治理台灣，這才促成台灣經濟、金融的重新開始。

為什麼說重新開始？因為我們現在使用的台幣稱為新台幣，顧名思義，有新台幣就一定有舊台幣，在 1949 年以前發行的貨幣就是舊台幣。因為當時通膨惡化得太嚴重，國民黨政府為了遏阻通膨持續惡化，就進行貨幣改革，以發行新台幣來取代舊台幣。這也是所謂的「4 萬換 1 塊」（4 萬元舊台幣等於 1 元新台幣）的故事。

這是國民黨政府做的第一個改革，又稱金融改革。國民黨政府做的第二個改革則是土地改革，也就是 1949 年推出的「三七五減租」及 1953 年推出的「耕者有其田」。我們現在會有很多自耕農，都是從這個時候開始的。台灣的農業也在

這些政策的推行下，慢慢恢復，穩定下來。

除了金融改革和土地改革之外，國民黨政府還帶來了很多大資本家。換言之，隨著國民黨政府從中國退守台灣，很多大資本家就把他們的生意帶到台灣來，這就促成台灣大宗物資買賣的開始。

比如力霸／嘉新／華新麗華的翁明昌、聯華的苗育秀、國豐的陶子厚，就都是隨著國民黨政府來台的大資本家，他們做的就是大宗物資進口的生意。大宗物資就包括黃豆、小麥、玉米、大麥、高粱、稻米、油菜籽等等。

因為當時的台灣是一片廢墟，大量物資缺乏，他們因勢利導，就一躍成為大集團；當然，與此同時，也讓還是很貧窮的台灣民生經濟得以稍稍穩定下來。

若從產業經濟的角度來看，1950 年北韓發動韓戰，第一個受益的就是日本。因為日本在二次大戰結束後也是一片廢墟，直到北韓發動韓戰，以美軍為首的聯合國軍把日本當作他們的後備供應中心，包括軍備、民生物資、國防工業等，

全部都以日本為主，日本才得以快速恢復上來。

　　日本在恢復的過程中，把部分民生物資、輕工業的製造交給台灣加工，台灣也得利。再加上韓戰爆發時，中共為了「抗美援朝」，把整個軍力調到韓國戰場，忽略了台灣，以及美國為了圍堵共產勢力擴張，鑒於台灣位於圍堵共產勢力的第一島鏈中樞，戰略地位重要，也改變原本想要把台灣送給中國的想法，轉而積極對台灣提供大量的軍事、經濟援助，因此台灣得以平穩下來。

　　換言之，1950 年代的台灣非常貧窮，但是得利於貨幣改革，讓台灣的金融得以穩定；得利於土地改革，讓台灣的農業得以穩定；得利於大資本家的民生物資，再加上韓戰及美援的關係，讓台灣的經濟開始止跌回升，因此 1950 年代可以稱為台灣經濟的戰後恢復期。

　　1950 年代末期，隨著台灣的基礎民生開始發展，台灣的石化產業也開始起步。我們現在熟知的台塑、長春石化等大集團，就都是從 1950 年代末期至 1960 年代期間開始發展上來的。

其中，台塑的誕生，與美援有關。因為美國看到台灣可以變成它在東亞地區的供應中心，就鼓勵台灣使用美援進行重工基礎的發展。當時的財經首長尹仲容原本屬意扶植永豐餘的何義建立台灣的 PVC 塑膠工業，但是何義沒有興趣，所以尹仲容就轉而找了存款很多、很有錢的王永慶來扶植，這就造就台塑石化王國的崛起。

若從產業經濟的角度來看，1960 年代是台灣奠定經濟奇蹟的開始。相較於日本是得利於韓戰，得以在一片亂局中恢復生息，台灣則是得利於越戰，得以在一片亂局中恢復生息。因為 1955 年至 1975 年美國在越南打越戰，所有軍備、民生物資供應，乃至軍人度假休息，全都選在台灣。

雖然歷史上都不太承認這一段，但是事實上台灣在 1950 至 1960 年代得以穩定，確實是靠美軍駐防台灣。後來越戰爆發，美國就把台灣變成它的後備供應中心，這就促使台灣的輕工業與民生工業重新開始奠基，並且開始快速發展上來，因此 1960 年代可以稱為台灣第一次經濟奇蹟的前導期。

換言之，若要嚴格說來，台灣能有今天，其實是要感謝美軍駐防台灣，才讓台灣有恢復的機會，所以我才會經常開玩笑地說：「韓戰救了日本，越戰救了台灣。」

　　1970 年至 1990 年是台灣被稱作經濟奇蹟（代工奇蹟）的年代。

　　因為台灣在 1950 至 1960 年代，先是在韓戰被日本變成它的後防加工區，後是在越戰被美國變成它的軍需、民生物資供應中心，這段戰後恢復期讓台灣的民生工業穩定下來，連帶地就促使台灣的輕工基礎建立起來。

　　要回過頭來特別一提的是，二次大戰期間，日本軍人在亞洲戰場打仗，都是徵召男性，因此後防的生產力就不足，為了補足生產力，日本就從台灣找了 12 歲到 18 歲的年輕人，約 8000 人，到日本做軍需國防工業。二次大戰結束後，這些習有一技之長的人就地解散，約有 2000 人就繼續留下來，改為美軍做事，另有 6000 人就回到台灣。

　　因為這 6000 人在日本做的都是軍需國防工業，諸如飛機、

輪船、軍火，這些都與精密機械有關，因此他們回到台灣來發展，就奠定了台灣精密機械產業的基礎，台灣也得以藉此恢復生息。換言之，台灣的台中、嘉義、北高雄今天能形成精密機械產業的產業聚落，就是靠這些人奠基的。

而全世界歐美日國家看到台灣有精密機械產業和輕工基礎的發展，再加上台灣的勞動力很便宜，就紛紛將訂單下給台灣，讓台灣代工，或紛紛到台灣設廠，將台灣變成它們重要民生和輕工的生產基地，如此就促使台灣成為「世界工廠」，從而創造第一次經濟奇蹟。

當然，若從「世界工廠」的角度來看，台灣成為世界工廠的時間其實只有 1970 年至 1990 年的 20 年而已，此前 1950 年至 1970 年的 20 年是日本作為世界工廠，此後 1990 年至 2010 年的 20 年是中國取代台灣成為世界工廠，2010 年之後則是東協取代中國成為世界工廠。

換言之，世界工廠的板塊是不斷在移動的。韓戰打造了日本的世界工廠地位，越戰打造了台灣的世界工廠地位。台灣會把世界工廠地位讓給中國，主要是因為 1990 年之後，台灣的工資上漲，勞動力不再那麼便宜，因此很多加工的基礎工業就西進到勞動力比較便宜的中國，這就促使中國取代台灣成為世界工廠，但是 2009 年中國宣布放棄世界工廠地位後，這個角色地位就移到東協國家。這就是板塊的移動。

　　而台灣能在 1970 至 1990 年代創造第一次經濟奇蹟，主要就是來自紡織、鞋業等輕工代工的貢獻。當然，除了輕工代工之外，台灣的民生基礎工業、消費性電子產業也在快速蓬勃發展。靠民生基礎工業起家的統一及靠消費性電子產品代工起家的大同都是台灣第一次經濟奇蹟下的產物。

» 現在

成也代工，敗也代工

相較於 1970 年至 1990 年是台灣靠代工創造經濟奇蹟，1990 年至 2020 年則是台灣開始進行代工轉型，我將之分為 2 個階段：

一、1990 年到 2010 年：台灣的第二次經濟奇蹟
二、2010 年到 2020 年：台灣 ICT 產業的興衰

1980 年代，台灣消費性電子產業快速蓬勃發展，我個人也在那個年代躬逢其盛進入消費性電子產業的製造業。那個年代的消費性電子產業主要是做電子產品，比如收音機、電腦。

現在俗稱的電腦，以前稱為計算機，計算機時代在 1970 年代末期結束，現在用的電腦一詞，是在 1985 年左右出現。而計算機演變成電腦後，就有個人電腦（PC）產生，個人電腦就改變了台灣，讓台灣從 1990 年開始，靠著個人電腦產業創造了第二次經濟奇蹟。

換言之，1985 年開始，全世界的消費性電子產業，包括飛利浦、美國無線電（RCA）、摩托羅拉等國際大廠，都到台灣找代工，或設立生產基地，負責做消費性電子產品代工的大同就適逢其時地飛黃騰達上來。

　　大同也是台灣最早做 PC 代工的企業，主要是做 HP、Compaq 的 PC 主機代工和 IBM 的監視器代工。除了大同之外，現在我們所熟悉的很多知名企業，包括宏碁、廣達、英業達、華碩、鴻海、研華，也都是在那個年代（1980 年代）參與 PC 產業的發展而茁壯上來。

　　因為台灣有第一次經濟奇蹟的形象和基礎，全世界的 PC 訂單就紛紛下到台灣，讓台灣成為全世界 PC 產業的代工重鎮，創造台灣 PC 產業的榮景，因此我將台灣在 1990 年至 2010 年的經濟發展稱為 PC 產業（IT 產業）的經濟奇蹟。

　　當然，在 1990 年初期，有很多 PC 廠商都是快速發展上來也快速消失，諸如佳佳、旭青、詮腦。它們會如此曇花一現，主要就是因為搭到順風船，風起了就乘風而起，風停了卻還只做純代工（OEM），沒有轉型，就摔死了。反之，有轉型的 PC 廠商就一直都是發展不錯的，諸如華碩、宏碁，還有我

輔導的研華。

研華今天能成為全球最大工業電腦廠商，就是因為我輔導它時，引導它從蓬勃發展的 PC 轉做尚未被人注意、但機會很大的 IPC（Industrial PC；工業電腦），並協助它為此規劃3 個 5 年的策略地圖，依策略地圖穩健布局發展。若是它當時還守在蓬勃發展的 PC，沒有轉型，就可能像多數 PC 廠商一樣，在價格戰中敗陣下來，漸漸沒落，最後被市場淘汰。

除此之外，當時以代工影響全世界、乃至在全世界赫赫有名的 PC 廠商就是鴻海、廣達、英業達。鴻海是靠轉做蘋果手機的組裝代工而一戰成名的，廣達、英業達則是靠轉做伺服器的設計代工（ODM）而翻轉上來的。

其實現在台灣檯面上事業有成的公司很多都是在 1990 年至 2010 年快速在全世界崛起且影響全世界的，它們能成為全世界數一數二的公司，主要就是因為它們不止步於代工，還轉型做自有品牌（OBM）。

這對台灣來說，是很重要的轉變。這是台灣進入代工轉型、打下自有品牌基礎的階段。當然，台灣不只有 IT 產業是

從代工轉型做自有品牌，用自有品牌在全世界發光發亮，自行車產業的捷安特、美利達、太平洋，也是從代工轉型做自有品牌，用自有品牌在全世界發光發亮。

2010 年至 2020 年是台灣從 IT（Information Technology）產業轉變成 ICT（Information and Communications Technology）產業的開始，IT 產業是電腦產業、資訊產業，ICT 產業是資通訊產業，資通訊產業就是從電腦到手機都變成重要的通訊設備。而從 IT 產業轉變成 ICT 產業，是台灣第二次經濟奇蹟很重要的轉變過程。

在這個轉變過程中，第一個關鍵就是從 OEM 轉變成 ODM 和 OBM，第二個關鍵就是從以 OBM 為主的 IT 轉變成以 OBM 為主的 ICT，ICT 是讓台達電、鴻海、和碩、微星、技嘉、華碩、宏碁等 PC 廠商轉變成功的關鍵。

相較於 IT 產業只是純粹的 PC 產業，ICT 產業就跨入電競級 PC 產業，處理速度非常快。而處理速度要快，就攸關伺服器主機，因此微星、技嘉、華碩可以在全世界電競級 PC 上赫赫有名，就是這樣來的。

» 未來

勝負在 AI、ODM、OBM

　　回顧一下 1970 年至 1990 年期間，為什麼台灣第一次經濟奇蹟會創造得這麼漂亮？主要就是有賴於工業革命的演進。

　　第一次工業革命是發生在 1776 年，又稱機械化革命。機械化革命改變了全世界的生產模式，大型工廠因此而生。

　　第二次工業革命是發生 1960 年，又稱自動化革命。自動化革命改變了全世界，也改變了日本和台灣，台灣能成為全世界的代工基地，與第二次工業革命密不可分。

　　第三次工業革命是發生在 1990 年，又稱資訊化革命。資訊化革命是因為電腦科技發達，所以把資訊技術導入到生產上，就變成工業電腦的崛起。第三次工業革命，讓台灣 PC 產業影響全世界。

　　第四次工業革命是發生 2021 年，又稱 AI（人工智慧）化革命，也就是資訊化 × 自動化革命。

第四次工業革命，奠定了台灣的護國神山產業－半導體產業。其實半導體產業只是台灣的第一座護國神山產業，除了半導體產業之外，電子零組件產業、精密機械產業、伺服器產業、汽車零組件產業都會成為台灣的護國神山產業。這幾座護國神山產業都是整合在一起的，對台灣非常重要，且影響全世界，甚至台灣的 IC 產業也是因此發展上來的。

換言之，提到半導體產業，我們比較熟悉的就是做晶圓代工的台積電、聯電、力積電，其實台灣的 IC 產業也在快速發展，聯發科已經超越高通，成為全球最大手機晶片供應商，影響著全世界手機、電腦的 IC 設計。

榮耀的來說，台灣已經變成全世界電子零組件產業的標竿、領頭羊，因此在未來時代，除了 AI 是主流之外，台灣的 OBM 會更加快速發展，台灣可能會變成全世界電動車產業很重要的 ODM 代工龍頭。

換言之，1970 年至 1990 年是 OEM 時代，1990 年至 2010 年則進入 ODM、OBM 時代，現在則進入第四次工業革命（AI 化革命）時代，台灣就變成科技整合的代表國家，台

灣的 ODM、OEM 基礎就變得更加重要。

而我相信,在未來時代,台灣產業還會有很多新的發展,比如電動車的大領域會有很多新的品牌出現,電動車不只有電動汽車,還有電動機車、電動自行車。

正如機車在台灣就有很多品牌,前四大品牌諸如三陽、光陽、功學社、宏佳騰,現在就積極往電動機車、電動自行車的方向發展。自行車品牌有捷安特、美利達、太平洋,它們在歐洲幾乎是高檔品牌的代表,現在也往電動自行車的方向發展。

因此,2010 年之後的台灣,除了電子零組件、半導體(設計、代工、封測)、伺服器具有代表性之外,電動車也會變得具有代表性,台灣會變成電動車的主要生產供應中心。

我們現在必須清楚知道,台灣從 1990 年之後就進入國際布局的階段,所以台灣現階段有很多企業的品牌已經在全世界各地布局,這會促使台灣企業不再困守於台灣,而是開始做到 ODM、就近供貨的國際布局,像是鴻海就在中國、印度、

斯洛伐克、墨西哥都有布局，華碩、宏碁、台塑也在海外有布局。

這些大企業雖然做的是代工，但是這個代工已經做到國際化，從 OEM 轉變成 ODM，再跨入 OBM。這是台灣整個代工產業很重要的發展過程。

換言之，台灣歷經第一次、第二次經濟奇蹟，到現在將迎來第三次經濟奇蹟，這三次經濟奇蹟其實都是得利於歐美國家及日本對台灣的加持。因為這些國家的大公司都看中台灣的低廉勞動力和生產品質，就把訂單丟到台灣來，促使台灣的製造業基礎大行其道，代工自然得到進一步改善。

而三次的經濟奇蹟也有著個別的歷史背景，第一次經濟奇蹟是靠純代工的 OEM，第二次經濟奇蹟是進階到設計代工的 ODM，同時自有品牌的 OBM 也出現，第三次經濟奇蹟就是進入高科技的 AI 化，這就讓台灣整個產業經濟，隨著時代的演進，來到科技整合的時代。我們企業的未來，也就在面對科技整合的時代，我們接軌了沒、轉變了沒。有接軌、轉變的企業，就會如同我在前文提到的那些大企業一樣有不錯的發展。

不要認為我們是中小企業，那些大企業的成功案例對我們沒有用。除了國營事業之外，絕大多數的大企業都是從中小企業發展上來的，它們能發展上來，就是因為它們願意轉變。

正如 1970 年代，我是宏碁的顧問，當時宏碁剛成立沒多久，是一家小型企業，員工人數還不到 50 人，它能茁壯上來，主要是靠幫 IBM 代工，但是創辦人施振榮深知代工絕對不是宏碁的未來，因此積極打造自有品牌。然而，檢視宏碁這個品牌的興衰史，其實它非常辛苦，因為要打自有品牌，不是一朝一夕可以做起來的，因此它曾三度陷入存亡危機，但是陷入存亡危機時，它都能進行組織重整與再造，因此能從代工起家，最後用自己的品牌立足。

鴻海也是一樣，1974 年成立時，員工人數也不到 50 人，是一家小小的模具廠，後來做了代工，才逐漸茁壯上來。現在能變成世界赫赫有名的集團，就是因為它願意轉變。鴻海很厲害的地方就是以管理見長，因此它能變成很大的代工集團，但是創辦人郭台銘也深知不能讓鴻海一直做代工，因此他一直努力在做多元化經營。然而，不可否認的是，鴻海的代工能力實在太強了，因此在集團發展上還是會有代工的思

維，相對的，對於品牌的塑造能力就沒有很強。

　　換言之，我們現在在檯面上看到的很多大企業，都不是一開始就很大，而是因為願意轉變、轉型、重整、再造，遇到困境都一一克服了，才能從中小企業變成大企業。對於這些大企業，我們要觀摩學習的是它們的成長歷程，亦即它們是如何跟著時代的演進去做經營上的變革，從而能從中小企業變成大企業。我們要觀摩學習它們的成長歷程，才有機會變成和它們一樣的大企業。

　　而它們的成長歷程也告訴我們，中小企業不能一輩子做代工，因為一輩子仰賴歐美國家丟單給我們做代工，我們只會永遠為人作嫁，永遠被人宰割，沒有自己，客戶也可以隨時轉單，因為他有品牌，他可以找別人代工，我們會最後才知道我們被換掉。因此，我們應該學會如何以戰養戰，用純代工的基礎，累積自有的技術，轉型成 ODM（模組），再打造 OBM（品牌）。

　　那麼如何從 OEM 轉型成 ODM，再打造 OBM ？這要從 OEM 的經營模式談起。

台灣製造業早期的發展，可以說是從第一次經濟奇蹟那段期間奠定下來的 OEM 基礎，而 OEM 勝出的一個關鍵就在生產技術的不斷精進。

對台灣企業來說，生產技術精進的過程是很大的進步。因為從 1950 年代台灣整個產業經濟的落後、百廢待舉，到 1960 年代之後慢慢進入基本消費性產品的生產階段。

1970 年代，台灣因為電子製造業，開啟了 OEM 時代。OEM 的基本經營方法就是生產技術與生產線的改善和進步，這對從 1970 年到 1990 年之後台灣的製造業幫助很大。當然，電子產業只是一個開端，除電子產業外，紡織產業、民生消費性產品產業也是如此。

OEM 時代，關鍵在生產技術與生產設備的不斷精進，這就要提到最一開始，日本、美國和歐洲國家把訂單下給台灣，用了台灣當時充沛又低廉的勞動力，以及把它們前衛的生產技術帶到台灣，讓台灣在整個生產製造上取得優勢，創造了經濟奇蹟。

我個人認為，那個階段是奠定了台灣製造業的基礎，也開始了所謂世界工廠地位的經營模式。

　　1990 年之後，中國則把台灣這一套模式，透過台商，引進中國，因此台商的企業進中國，再加上日本、美國和歐洲的企業也紛紛到中國設廠，等於是台灣的成功案例，再一次結合了日本、歐美國家的資金，讓中國從 1990 年開始奠定世界工廠的地位。

　　至 2009 年，雖然這個模式一直沒有變，但是中國宣告放棄世界工廠的地位，世界工廠的地位就由中國轉向東協，這也是 OEM 經營模式的板塊位移情況。

　　1990 年，台灣企業結合日本、歐美國家的資金到中國發展的同時，台灣就進入到第二階段—ODM 時代。

　　所謂ODM，就是模組的概念。因為台灣企業漸漸發現到，純代工的毛利率會愈來愈低，所以就開始精進生產技術，並發展、歸納、整理出一套共用模組（或稱半成品），透過共用模組來接國際訂單，再加上客製化的需求，就變成 ODM 的

經營模式。這個方法又讓台灣創造了產業經濟第二個飛黃騰達的時代，我把它稱為台灣的第二次經濟奇蹟。

同時我也躬逢其盛地參與到這 20 年的轉變。這 20 年期間，我一直沒有離開 IT 產業，就見證了 ODM 的價值。ODM 的價值讓台灣製造業開始翻轉，創造了台灣 IT 產業不可動搖的地位，也創造了台灣 IT 產業在全世界的影響力。

可以說 ODM 的經營模式是從 IT 產業開始，後來漸漸應用到其他產業，像是腳踏車、電機、機械、紡織等等。以紡織產業為例，機能性紡織品就變成台灣紡織產業的代表，且在全世界形成一股新的影響力，影響全世界。

因為自 1990 年開始，台灣的產業經營漸漸感受到一股非常大的壓力，不管是 OEM 或 ODM，都會面臨新興國家的競爭，最初是面臨中國的競爭，後來是面臨東協等國家的競爭，所以有觀察力的台灣企業在發現自己若是一直靠著 OEM 或 ODM，很難有自己的競爭優勢之後，就開始轉變，台灣也因此進入 OBM 時代。

OBM 並不是只有 ICT 產業或電腦產業才可以發展，任何產業都可以發展。OBM 就是自有品牌的經營模式。自有品牌的經營模式，在過去的時代，以電子產品來看，就如宏碁、華碩、微星、技嘉等企業，都是打著自己的品牌行銷全世界，因此能在全世界占有一席地位。

1995 年，我主持 ViewSonic 時，也是堅持主打我們自己的品牌，因此後來能成為全世界第二貴的電腦 Monitor 品牌。而要靠 OBM 的經營模式在市場上發揚光大，關鍵就在行銷。行銷能力不足，就不容易建立品牌的地位和在市場上發揚光大，因此不管內銷或外銷，都要重視行銷。

正如我輔導過的服飾產業—奇威名品、食品產業—味丹、烘焙產業—一之鄉、連鎖咖啡產業—多那之，就都是用自有品牌在行銷全台灣，從而在市場上占有一席地位。

從這些案例，我們可以體會到，OEM → ODM → OBM 的轉換，其實是企業要在市場上勝出的必然過程，很多企業其實都是用這種漸進式的方式去改變自己的經營模式。

因為 OBM 才能創造我們在市場上的差異化，OEM 與 ODM 都是為人作嫁，既然是為人作嫁，就代表我們在市場上沒有自己的地位，因此我輔導企業時，常常會告訴那些一直仰賴 OEM 或 ODM 的公司：「這樣的經營模式很危險，因為有朝一日，這些下單給你的客戶可能會轉單到比較便宜的地方。」

　　正如蘋果在過去一段時間，幾乎都把訂單下給中國，從而帶動中國手機產業的崛起。雖然在中國幫蘋果代工的是台灣的鴻海，但是鴻海後來就被立訊取代了。這就讓我們得到一個印證－ OEM 或 ODM 的經營模式隨時都可能被人取代。

　　再者，OEM 或 ODM 的經營模式只能賺代工的錢，毛利率非常低，在電子產業被稱為「毛三到四」，也就是毛利率只有 3%~4%。

　　換言之，低毛利率是 OEM、ODM 的常態，要採用 OEM 或 ODM 的經營模式，就必須把分母拱大、業績做大，才有可能得到比較好的絕對值（金額）。這也意味著企業經營應是追求毛利率的提升，而要有效的提升毛利率，就必須轉型到

OBM 的經營模式，才有機會。

為什麼 OBM 的經營模式才有可能提升我們的毛利率？最主要原因就是賣同質性高的產品，會被比價；賣 OBM 產品，才沒得比價。當我們用我們的自有品牌來創造市場差異化，就能很容易地拉開與平價之間的距離。正如蘋果的一支手機可以抵一般品牌的兩支手機，這就是品牌價值。有品牌價值，才能賣高價格。

當然，有很多中小企業會擔心：「如果轉做 OBM，客戶就不會給我代工訂單。」其實只要另外成立一家公司負責做品牌，原公司繼續做代工，一切問題就迎刃而解。關鍵在於我們要一輩子都是中小企業嗎？若是我們不願意轉變，就會一輩子都是中小企業；若是我們願意轉變，就會翻轉上來成為大型企業，甚至是巨型企業。

陳教授的課後習題
找 出 關 鍵 痛 點 ・ 問 題 迎 刃 而 解

代工｜已經式微，但是不會消失

❶ 「代工」的時代是否已成過去？

A：造就台灣經濟奇蹟與產業基礎的「代工」，雖然因勞動市場的變化關係而外移，但並非消失與不存在，反而因科技的關係，提升了「代工」模式，又為台灣開創新的契機，這帶給我們變革的思考。

❷ 傳統產業的「代工」就完全消失了嗎？

A：這也並不盡然，純「代工」會因被取代及低微的毛利而漸漸式微，這是事實，但只要有下列兩個對策，仍是有機會的。
1. 量大足以創造可觀的毛利金額，如鴻海富士康集團。
2. 採 ODM 的標準模式之 OEM 經營，因為台灣的精密與研發技術仍可透過「標準模組」創造不可被取代的技術優勢，目前許多電子產業就是如此運作。

針對大家關心的問題持續追蹤，並不定期的回覆與互動討論，歡迎讀者踴躍上線留言。

Chapter 1-2

國際貿易
區域化比全球化更有競爭力

» 過去
台灣這 400 年來是靠貿易起來的

一、明清時期的台灣
二、日治時期的台灣
三、二次戰後的台灣
四、經濟奇蹟的台灣
五、科技世代的台灣

首先,從國際貿易的角度來看,可以知道台灣主要是靠貿易立國。這 400 年來,台灣早在鄭成功還沒有入主台灣時,就已經被迫開放。最早被迫開放的時點,可以追朔到 1624 年荷蘭占有南台灣,在府城(台南安平)建立據點時。隨後的 1626 年西班牙占有北台灣,就與荷蘭形成南北對峙,直到 1642 年荷蘭把西班牙驅逐,整個台灣才變成荷蘭的天下。

其實熟知台灣歷史的人也知道,西班牙曾占領基隆到宜蘭一帶,而西班牙這個國家有一個特色,就是會在殖民地建立它的城市,因此基隆到宜蘭一帶,有不少地名都是來自西班牙語的諧音漢譯及輾轉相傳而定名,例如我們耳熟能詳的

「三貂角」就是來自西班牙語的聖地牙哥（Santiago）。

而台灣很早就被迫開放，主要是因為台灣不屬於任何一個國家的領地，因此早期一些殖民帝國，諸如荷蘭、西班牙、英國，在發現台灣有豐富的物產之後，就紛紛到台灣來發展。

其中，荷蘭在南台灣的府城建立勢力之後，想要繼續由南往北擴張，一度往北打到中台灣的大肚王國。大肚王國是我們原住民建立的王國，勢力範圍在台中、彰化、南投一帶。除大肚王國外，屏東南部也有一個原住民建立的王國，稱為大龜文王國。荷蘭因為無法消滅大肚王國，因此勢力範圍就止步於台中的南部與彰化的北部，諸如伸港、和美等地。

荷蘭占有府城之後，十分用心經營台灣。荷蘭最初的殖民地是印尼雅加達，雅加達是荷蘭東印度公司在亞洲的根據地。這也可見，東印度公司並非英國首創，是英國學了荷蘭所創，相較於荷蘭東印度公司的總部在印尼雅加達，英國東印度公司的總部則在印度孟買。

而荷蘭占有台灣時，帶了很多國外物資進來，也帶了很

多台灣物資出去。比如台灣的耕牛就是荷蘭人引進的。我們現在吃的四季豆，台灣話叫作「荷蘭豆」，也是荷蘭人引進的。蔗糖會成為台灣主要的外銷產品，也是受荷蘭人影響，亦即荷蘭人以「在歐洲，要顯示自己身分地位的象徵，就是吃糖」的話術來哄騙台南的漢人幫他種蔗製糖，從此，甘蔗就在台灣廣布，台南的飲食口味也比較偏甜。

到了明末清初，鄭成功以「反清復明」為號召，起兵抗清，一路從福建打到南京，結果在南京慘敗之後，就一路退守至福建，又在不敵清兵的乘勝追擊下，退守至廈門，並在不斷往南退守中，接收了父親鄭芝龍的海上勢力。

野史上都稱鄭芝龍的海上勢力為海賊或海盜。鄭芝龍是因為會說多國語言，而被東亞海賊王李旦收編來當通譯（翻譯人員），後來因為深獲李旦信任，而快速成為李旦身邊的重要幕僚，在李旦往生後，接收李旦的海上勢力，縱橫於台海之間，向途經台海的商船收取過路費（俗稱保護費）而致富，又因為很會做生意，因此成為台海的最大海上勢力。

鄭成功在鄭芝龍降清後，接收鄭芝龍的海上勢力，得以

立足廈門，轉進澎湖。後來到了澎湖發現，台灣府城是一個肥沃的地區，就決定攻占台灣。

而府城的肥沃，可從台灣諺語「一府二鹿三艋舺」來印證，「一府二鹿三艋舺」象徵著台灣對外貿易的興盛繁榮。一府就是府城，二鹿就是彰化鹿港，三艋舺就是台北萬華。當時的萬華非常興盛繁榮，商船可以直接從淡水河出海口開到大漢溪與新店溪匯流處的萬華，只是好景不常，隨著萬華港口河沙淤積，不易停泊，商船就改停大稻埕，促成大稻埕取代萬華成為台灣重要的通商口岸，包括英商東印度公司旗下的德記洋行等外商都紛紛到大稻埕設立新據點。

而當鄭成功把荷蘭人打敗，取代荷蘭人占有府城之後，就開啟了我們歷史上所稱的鄭氏王朝，又稱東寧王國。換言之，台灣的正史雖然沒有收錄，但是鄭氏王朝是確實存在的，台北、台南等重要都市都有東寧路，就是為了紀念鄭氏王朝。

再者，鄭氏王朝是從鄭成功開始，而非鄭芝龍。鄭氏王朝的結束，則是敗在重要戰將施琅身上。因為施琅降清，幫助康熙滅了鄭氏政權，將台灣納入清朝版圖。有趣的巧合是，

當年荷蘭人拿下府城的跳板是澎湖，鄭成功打敗荷蘭人的跳板是澎湖，施琅消滅鄭氏政權的跳板也是澎湖，可見澎湖的戰略地位非常重要，一旦澎湖失守，台灣就會面臨無險可守的困境。

台灣在全世界的國際貿易地位會這麼重要，主要就是因為荷蘭人將台灣的蔗糖外銷全世界。後來鄭氏政權為了讓台灣能夠自給自足，也積極向外發展國際貿易，與英國、日本、東南亞諸國發展密切的貿易關係。直到清朝統治台灣，在不治理的政策下，台灣的國際貿易才日益萎縮。後來英法聯軍之役，清朝戰敗，台灣被迫開港通商，台灣的國際貿易才又活絡起來。

到了日本統治台灣，日本發現台灣可以外銷的產品不只有蔗糖，還有茶葉、樟腦，就將台灣打造成它的重要據點，因此台灣能聞名全世界，最初是靠荷蘭人的國際貿易，以及日本人將之發揚光大。換言之，日本治理台灣的 50 年間，對台灣的貢獻，不只有本土建設，還有國際貿易。

1945 年二次大戰結束，日本戰敗，宣布放棄對台灣的統

治權，台灣的統治權就由當時的盟軍最高統帥麥克阿瑟擁有。除台灣外，麥克阿瑟在二戰結束之後，還擁有日本、韓國、菲律賓的統治權。後來麥克阿瑟把日本的統治權交給日本天皇、韓國的統治權交給扶植的傀儡政權、菲律賓的統治權交給菲律賓的民選總統之後，並沒有把台灣的統治權交給任何人，因此基於國際法的法源基礎，台灣不是中國的，台灣地位是未定論，只是原本統治中國的國民黨政府在國共內戰戰敗，退守至台灣後，就在台灣鳩占鵲巢。

對於台灣的統治權，美國曾因與蔣介石交惡，想要把台灣送給中國，後來北韓發動韓戰，美國與日本忙於應付北韓，中國還發動「抗美援朝」，出兵支援北韓抵抗美國，美國才改變原本想要把台灣送給中國的想法，不得不派遣第七艦隊協防台灣，台灣就從此偏安下來，台灣的本土產業也得以開始慢慢恢復上來。

而這個時期的台灣經濟非常貧乏，民生也非常窮困，即便國民黨政府來到台灣，也因為把心力放在整軍備戰，沒什麼心力治理台灣，因此整個台灣對美援的依賴非常深。直到時任台灣省主席的陳誠推出「三七五減租」及「耕者有其田」，

才讓台灣的農業穩定下來，糖業也恢復上來。

到了 1960 年代，日本漸漸恢復生產力，導致勞動力開始供不應求，日本中小企業就想到曾經統治過的台灣已經穩定下來，就紛紛來到台灣投資設廠，將台灣變成它們的海外最大加工島。日本的這一舉動，開啟了台灣成為全世界輕工業生產重鎮的盛世。台灣輕工業的代工，包括紡織、製鞋、製傘、食品加工、消費性電子產品的代工，都是在這個時期奠定的。

而我在 1970 年代進入職場，正是消費性電子產業非常興旺的時候，可以說，台灣能有今天引以自豪的 IT 產業，其實是源自消費性電子產業的奠基。

換言之，自 1960 年代開始，台灣又與全世界接軌了。因為台灣變成日本的海外最大加工島之後，日本接到訂單，在台灣加工成成品之後，就直接從台灣輸出，因此台灣在國際貿易上的地位就一反過去純林業、農業、原物料出口的特色，在 1970 年代轉變成加工業。

只是我們要了解到，這個加工業指的不只有消費性電子

產業，還有紡織、製鞋、製傘、食品加工等傳統產業，這些產業都是在 1970 年代因為日本的關係，慢慢茁壯上來的。

換言之，第一代的世界工廠（生產基地）是日本，第二代的世界工廠是台灣，第三代的世界工廠是中國，第四代的世界工廠是東協，下一代的世界工廠可能是印度。而只要是世界工廠，就會變成重要的國際貿易輸出地，因為有著低廉勞動成本的優勢，再加上加工成本的優勢，如此，商品就能很有競爭力地賣到全世界。

換言之，世界工廠與國際貿易息息相關，原物料、零組件或半成品加工成成品之後，往外拓展出去，是國際貿易的一個運作。日本在 1980 年代靠著貿易輸出橫行全世界，台灣則在 1990 年代靠著貿易輸出影響全世界。

因為這些靠著低廉勞動成本優勢來影響全世界的世界工廠能左右全世界的供應鏈，因此美國才會在 1985 年對日本進行貿易制裁，逼迫日本簽下廣場協議，導致日圓快速升值，日本出口競爭力大受重創，日本產業經濟從此一蹶不振。

台灣也沒有倖免。當台灣憑藉 1970 至 1990 年代創造的第一次經濟奇蹟，拿下世界工廠的地位時，美國也對台灣進行貿易制裁，導致新台幣快速升值。幸好當時台灣有 IT 產業（PC 產業）支撐，當時台灣的 IT 產業被全世界依賴，因此台灣的產業經濟很快就彌補回來，沒有像日本的產業經濟一樣一蹶不振。

　　接著，當中國取代台灣，拿下世界工廠的地位，憑藉便宜的消費性產品，橫行全世界，把全世界的製造商打得失去競爭力，導致全球經濟陷入低迷時，美國發現自己對中國製造的產品依賴太深，也發現中國的強勢已威脅到它的霸權地位，才對中國進行貿易制裁，也聯合盟友來一起對付中國。不過，因為中國擁有龐大的勞動人口，代工的勞動成本真的很低，具有絕對的低成本優勢，因此就算美國聯合盟友制裁它，對它的影響也不大。

　　直到 2020 年 COVID-19 疫情爆發，全世界各國對外鎖國、對內封城，才導致過去所謂的全球國際貿易型態宣告終止，去全球化時代來臨。

» 現在

區域保護政策革除外來者

一、殖民地時代的貿易拓展

二、1950 年代後的全球貿易

三、21 世紀後的區域經濟保護政策潮流

四、去全球化成為主流

　　整個國際貿易的發展，其實是來自殖民主義的擴張。殖民主義是從 15 世紀末葡萄牙與西班牙的海外掠奪開始，隨後，荷蘭、法國、英國也跟進。荷蘭是在 17 世紀取代葡萄牙與西班牙成為西歐最強大的殖民帝國，到了 18 世紀，英國則取代荷蘭成為西歐最強大的殖民帝國。

　　而英國的殖民模式其實是學荷蘭的，荷蘭是全世界第一個真正將國際貿易全球化的國家。荷蘭不僅成立了全世界第一個東印度公司，也成立了全世界第一個股份有限公司及全世界第一個證券交易所。相較於葡萄牙與西班牙對殖民地的統治只會掠奪，荷蘭對殖民地的統治還做商業操作，創造了經濟效益。換言之，荷蘭是透過東印度公司來控制東西方的

物資交換，荷蘭東印度公司是把歐洲的物資銷往亞洲，再把亞洲的物資銷往歐洲，對全世界進行國際物資的貿易與產銷管控。

為什麼談全球國際貿易要談殖民主義？就是因為殖民主義發展出來之後，國家的勢力會廣布全球，商品也會跟著出來，這就是做生意。荷蘭東印度公司是用這樣的型態做生意，隨後的英國東印度公司也是用這樣的型態做生意。

這是從實務上來看。若從學理上來看，就可從 1776 年英國海關官員亞當・史密斯（Adam Smith）發表的《國富論》來談。《國富論》被譽為經濟學聖經，亞當・史密斯也因此被稱為經濟學之父，他同時也是古典經濟學派的創始者。

亞當・史密斯的《國富論》強調比較利益法則、分工和利潤，這三大概念就是全球國際貿易的基礎。比較利益法則就如甲國以農立國，乙國以工立國，甲國生產工業產品成本高，乙國生產農業產品成本高，它們就用自己的優勢去發展，再進行交換，這就是國際貿易概念的開始。

國際貿易的運作模式，自 1776 年開始盛行以來，都沒有改變過，不管是 18 世紀崛起的英國、1950 年代崛起的日本、1970 年代崛起的台灣，乃至 1990 年代崛起的中國，都是靠著國際貿易的運作模式橫行全世界，影響全世界，直到 2020 年，全世界各國為了防疫而鎖國、封城、斷航、停工停產，限制人員的互通和往來，國際貿易才無法順利進行。

然而，全世界的國際貿易受阻，市場的需求還是存在，如此就要回到 1990 年代的背景來談。

1990 年代中國取代台灣成為世界工廠，憑藉大量生產、低價傾銷全世界的運作模式影響全世界，就讓西方國家開始警覺、開始設限，紛紛將全世界各地的區域政治組織轉變成區域經濟組織，以此來對抗中國等新興國家的崛起。諸如歐盟、東協、北美就都是從政治結盟的體制轉變成區域經濟共同體。

區域經濟共同體與全球國際貿易有什麼不同？全球國際貿易是在全球化的產銷分工下，企業借助新興國家的低廉勞動力來生產，再透過遠距離的國際貿易來交易。區域經濟共

同體則是區域內所有會員國的貿易往來都享有關稅優惠，這就促使企業開始在區域經濟體內自給自足，不再跨境分工，這也促使全世界遠距離的國際貿易漸漸式微，區域內短距離的國際貿易漸漸成為主流，全世界漸漸進入「去全球化」時代。

換言之，區域經濟保護政策的盛行，已促使全球化的國際貿易開始區域化。2020 年 COVID-19 疫情的爆發，則加速國際貿易區域化的動作。因為疫情打斷全球供應鏈，讓全球陷入恐慌，就讓企業開始省思：「這樣全球化的產銷分工、國際貿易是對的嗎？」

若是仍靠遠距離的國際貿易，在中國製造，再從中國出貨全世界，或在台灣製造，再從台灣出貨全世界，光是海運的塞港、缺櫃、缺船、運價應聲大漲等問題，就讓企業吃不消。若是改在區域經濟體內進行國際貿易，就不一定要靠海運，可以用陸運解決問題。

勝負在區域產業鏈

一、品牌成為台灣的突破關鍵
二、國際化的區域布局至為重要
三、企業均要建立區域產業鏈
四、在地化的關鍵重點與優勢創造

　　因為台灣是國際孤兒，不被全世界承認，全世界絕大多數國家都沒有與台灣建立邦交，導致台灣沒有辦法加入全世界的任何區域經濟體，因此企業若要拿台灣製造的產品外銷全世界，就會被課高關稅，被課高關稅就代表企業的出口成本要增加，企業若是為了獲利，把關稅轉嫁到產品價格上，就會沒有競爭力。

　　這也是為什麼台灣現階段的出口貿易會以電子零組件、精密機械設備、生技醫療產業設施或耗材為主的主因。因為全世界在這些產品的生產上沒有台灣這麼有優勢，不得不跟台灣買，因此對於這些產品的進口關稅，不會課很高。反之，像是紡織、石化、食品加工等傳統產業，台灣沒有優勢，要

外銷到其他國家，關稅就會被課很高，如此就會失去競爭力。

若要保有競爭力，就要建立自有品牌，快速改變過去的純國際貿易模式，變成國際布局，並在海外建立區域產業鏈，落實在地化，如此才能應對區域經濟體的保護政策。

其中，國際布局不是要我們守在中國或守在台灣做外銷，而是要我們將所有產銷運作都放在區域內解決，不要與區域外掛勾。正如我們要做東協市場，所有產銷運作就在東協解決，不要與歐美國家或中國掛勾。當我們在東協建立區域產業鏈，我們在東協各國之間的貿易就可以零關稅，物流還可以縮短至一天到貨，運費也會省很多，如此就更有競爭力。

而何謂產業鏈？產業鏈＝供應鏈 × 通路鏈。

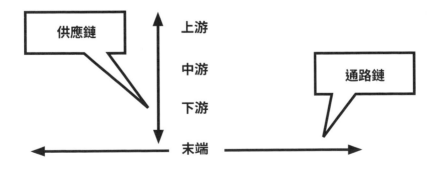

供應鏈是垂直縱向的從上游的原物料與零組件，到中游的半成品與設備類，到下游的成品，再到末端的銷售通路。到了末端的銷售通路，水平橫向的街邊店、連鎖店、量販店、百貨、超市、商城（專櫃模式）等銷售通路的鋪建，就是通路鏈。

台灣很多企業過去都是做代工，這就是供應鏈的層面。然而，守在台灣做代工，不管客戶在哪裡，都是從台灣出貨，就會作繭自縛，應該把眼界放寬，看看全世界，到海外建立生產基地。到海外建立生產基地，不一定要自己設廠，可以在當地找代工廠，將訂單交給當地的代工廠做，就像當年日本利用台灣低廉的勞動力一樣，我們也可以利用當地低廉的勞動力來為我們作嫁。

很多有遠見的台灣企業都已在全世界各地布局，諸如味丹早在 1991 年就到越南設廠，如今是越南最大的味精廠。除味丹外，很多中小企業也因為很早就發現台灣不再擁有低成本優勢，於是轉戰東協，從而在東協發跡立足稱霸。

若從台灣的紡織產業來看，儒鴻、聚陽、宏遠也是因為把工廠分散在全世界各地，諸如越南、印尼、柬埔寨、菲律賓、

賴索托、衣索比亞，而能快速銷往歐美市場，從而在國際市場上闖出一片天。

換言之，過去的紡織產業是新光、遠東、中和在呼風喚雨，如今它們都隨著產業走入夕陽而沒落或消失，取而代之的是過去的無名小卒儒鴻、聚陽、宏遠。為什麼過去的無名小卒可以超越、取代赫赫有名的它們？很大一個原因就是儒鴻、聚陽、宏遠懂得轉變，懂得在全世界各地建立區域產業鏈，懂得利用新興國家的大量便宜勞動力，懂得就近供貨，懂得利用當地與歐美國家之間的關稅優惠，懂得在地化。

其中，在地化，不只有要我們到當地設廠，或到當地找代工廠幫我們做，還要讓我們在當地做的產品能鋪進當地通路，在當地銷售。

換言之，在地化有4個概念：一是用當地人經營當地市場，也就是「以夷制夷」的意思。二是當地人會有當地資源的掌握及運用，讓他幫我們在當地建立產業鏈會比較快又有效。三是用當地人管理我們在當地設立的公司，比較不會出現管理階層與基層之間的衝突。四是物流成本會降低。

這個在地化的運作，在過去台商西進時，因為語言相通，因此問題不大，但是現在轉向南進或轉向其他新興國家時，語言不通，問題就很大了。那麼如何解決？

根據我的實證經驗，最有效的方式就是雇用、培養來台留學生，讓他們在我們身邊共事兩三年，取得彼此的信任和了解之後，再讓他們回到他們的母國，如此，他們就能成為我們公司力量的延伸，且因為是當地人，會比我們更容易融入當地。

綜言之，隨著全球化的國際貿易漸漸式微，區域化的國際貿易漸漸成為主流，台灣企業應該如何開創未來？首要之務就是不能畫地自限地守在台灣，要跨境經營，利用新興國家的低廉勞動成本、區域經濟體的關稅優惠，及國際布局的就近供貨，來強化競爭力。

當我們願意走出去、國際化，進行區域產業鏈的布局，就能很快地與還守在台灣的同業拉開距離，很快地領先同業，很快地成為業界前三大的市場領導者，可以在市場上呼風喚雨。

陳教授的課後習題

找 出 關 鍵 痛 點 · 問 題 迎 刃 而 解

國際貿易｜區域化比全球化更有競爭力

❶ 為何「去全球化」成為 2021 年後的主流趨勢？

A：全球化產銷分工是源自於 1776 年經濟學之父亞當·史密斯《國富論》中的分工主張與 17 世紀以來大航海時代的貿易所產生，但是因為 2020 年的 COVID-19 造成全球鎖國與封城，讓供應鏈與物流鏈斷鏈，加上區域經濟體的形成，全球開始正視產業鏈在地化與低關稅和短交期的趨勢，「去全球化」於焉產生。

❷ 去全球化會不會影響國際貿易？

A：這是不會發生的，只是改變型態，因為：
   1. 在地化
   2. 即時化
   3. 低存貨
   4. 保護主義
   5. 低成本
   等等的需求趨勢，讓傳統全球國際貿易變成區域就近的國際貿易型態而已。就近建立全球布局的經營模式，也是台灣企業應該面對與思考的發展。

針對大家關心的問題持續追蹤，並不定期的回覆與互動討論，歡迎讀者踴躍上線留言。

Chapter 1-2｜ 國際貿易 區域化比全球化更有競爭力　063

Chapter 1-3

OMO
打通線上線下結界

» 過去
企業靠線下就能吃香喝辣

一、先民時期的小雜貨店時代

二、日治時期的街邊商店與百貨業興起

三、1960 年代經濟起飛時的商店經營成主流

四、1980 年代的連鎖店型態與百貨公司和量販店興起

五、2000 年後的 Outlet Mall 與大賣場崛起

台灣的內需市場，在 1990 年以前，是實體通路的時代。早期是雜貨店（柑仔店）的概念，進入 1950 年代，則有街邊店門市出現，這時候的雜貨店也是屬於門市的性質。

最大的改變在 1970 年代，街邊店的店家開始往商店街聚集，其中的雜貨店店家也開始從單店開到多店，這就促使台灣的連鎖產業有了初步雛形。到了 1980 年代，台灣經濟快速發展上來，吸引了國際級的連鎖店進駐，影響所及，就是傳統的雜貨店被便利商店取代，傳統的飲食店被西式速食店（諸如麥當勞）取代。

換言之，台灣的通路鏈，早期是雜貨店在發展，後來變成街邊店門市為主流，到了 1980 年代，受外來連鎖經營的影響，就從原先以單打獨鬥為主、後來靠著地區性商圈來維生的單店個體戶經營模式，漸漸轉變成以一家企業來串聯多家分店的連鎖經營模式。

　　例如我在 1980 年代主持的寶島眼鏡和寶島鐘錶，就是在當時開始發展連鎖經營模式。我在 1980 年代輔導的曼都美髮，也是在當時開始發展連鎖經營模式。

　　這是台灣實體通路的一大轉變，這個轉變是台灣經濟發展的一個重要里程碑，因為台灣自此開始出現連鎖店型態，連鎖店型態又影響著整個台灣的消費習性從雜貨店轉變成商店街，再轉變成連鎖店。

　　除了連鎖店之外，1980 年代台灣的實體通路還出現百貨公司與量販店的型態。

　　其實台灣的百貨公司不是 1980 年代才有，早期就有，日治時代就有百貨公司，最典型的就是台北的菊元百貨與台南

的林百貨。台灣第一家有電梯的百貨公司就是菊元百貨和林百貨，它們都是成立於 1932 年，但是後來並沒有擴大發展。直到進入 1980 年代，台灣的百貨公司才開始猶如雨後春筍般冒出。而我們現在熟知的百貨公司都已算是第三代。

換言之，台灣第一代百貨公司是日治時代的百貨公司，第二代百貨公司是本土的百貨公司，諸如高雄的大新百貨（1953 年成立，大統百貨的前身），台北的第一百貨（1965 年成立）與今日百貨（1968 年成立）。第三代百貨公司是本土結合外資（主要是日資）的百貨公司，諸如高雄的大立百貨結合日本伊勢丹百貨變成大立伊勢丹百貨，台北的新光集團結合日本三越百貨變成新光三越百貨，天母的大葉集團結合日本高島屋百貨變成大葉高島屋百貨。

換言之，台灣本土結合日系百貨是台灣第三代百貨公司的特色。台灣本土會找日系百貨合作，主要是因為日本有很多成功案例，再加上地緣關係親近，對日本比較熟悉，就傾向與日本合作。

量販店的型態，則要從 1980 年代談起。台灣最早的量販店是荷蘭商萬客隆，由豐群集團在 1989 年引進。萬客隆進駐

台灣時，曾掀起一股搶購熱潮，但是15年後的2003年就消失，主要原因在於萬客隆當年是複製歐美模式，將量販店開在偏遠郊區，這就促使台灣能到量販店消費的人只有有車階級，於是萬客隆成也如此、敗也如此。

反觀隨後進駐台灣的法商家樂福（Carrefour）及1997年進駐台灣的美商好市多（Costco），就沒有像萬客隆一樣，將量販店開在偏遠郊區，而是開在市區周邊，因此萬客隆倒了，它們都還活著。

換言之，台灣的量販店能蓬勃發展上來，與台灣的城市發展特色有關。台灣的城市發展特色是，核心城市的周邊會因都市更新的關係，快速發展上來，周邊又有較大的土地，再加上中央及地方政府都會不斷進行在地的交通建設，交通的發達就助長量販店的崛起。

目前以展店數來看，家樂福遙遙領先好市多，位居第一，但是若以營業額和市占率來看，好市多就遙遙領先家樂福，位居第一。而好市多與家樂福的量販店都是開在市區周邊，而不是市中心，但是家樂福很有趣的是，在各國的量販店都沒有很賺錢，唯獨在台灣的量販店很賺錢，因此在台灣的量

販店愈開愈多，甚至併購頂好與 Jasons 超市，形成兩大系統：一是量販系統；二是超市系統。

台灣的超市系統，以展店數、營業額、市占率來看，目前都是全聯遙遙領先美聯社。全聯的前身是軍公教福利中心，1988 年轉民營化，由元利建設創辦人林敏雄接手時，展店數只有 66 家，後來透過多次併購，包括併購楊聯社、善美的超市、台北農產超市、全買超市、松青超市，乃至量販店的大潤發，才得以快速壯大，不被量販店與便利商店跨業侵蝕。

台灣的便利商店系統，是影響我們日常生活很深的連鎖體系。目前是 7-ELEVEN（統一超商）、全家、萊爾富、OK 等四大超商維持四足鼎立的態勢。

而台灣的實體通路，除了百貨公司、量販店、超市、便利商店等綜合零售業的連鎖產業在蓬勃發展之外，其他業態的連鎖產業也在蓬勃發展，本土的連鎖產業也在蓬勃發展。諸如美妝連鎖的寶雅、康是美，藥局連鎖的維康、杏一、大樹，五金百貨連鎖的小北百貨。

可見，台灣的實體通路，以街邊店來說，以前靠單店就可以吃香喝辣，現在必須發展成連鎖店，才能展現影響力，而且消費者不再往街邊店聚集，而是往百貨公司、量販店聚集，而百貨公司、量販店又漸漸形成連鎖體系，如此就更進一步瓜分台灣的內需市場。

最近 10 年來又有新的通路快速崛起，也就是大型商城（Outlet Mall）也來分一杯羹，諸如日本的三井，台灣本土的桃園華泰、台中麗寶、高雄義大世界。我個人認為，這種大型商城型態未來會成為台灣實體通路的主流。

因為它的店都開在交通便利的地方，且它不只有商場可以讓人購物，還有餐飲、遊樂設施、飯店可以讓人吃喝玩樂住，這是一次購足（One Stop Shopping）的概念，這是未來發展趨勢，不管是街邊店、連鎖店、百貨公司、量販店或大型商城，未來都要能為消費者提供一次購足的服務，才能吸引消費者聚集。

» 現在
線上當道的時代

一、1990 年代的網路行銷與電視購物和郵購時代

二、2000 年後的電商主流時代

三、2010 年後的直播主與網紅時代

四、2015 年起的 KOL 與 KOC（團購主與團媽）時代

1990 年以前，台灣的消費者都是到實體通路購物，早期的實體通路主流是單店，到了 1980 年代就變成連鎖店的門店櫃、百貨公司的專櫃、量販店的大賣場，進入 1990 年代的網路時代，則出現線上通路，促使消費者開始上網購物。

何謂線上通路？相信年輕世代都很清楚。線上通路主要源自 1990 年代，電腦作業系統從 DOS 轉變成 Windows 之後，因為 Windows 的操作比 DOS 容易，再加上網際網路發達，因此促成網路行銷的開始。

當時的網路行銷，主要是在網路上銷售，其業者就稱為網商。當時勢力較大的網商主要是 PChome、Yahoo，沒有

momo，momo 是在 2000 年左右才開始發展上來的。而網路行銷自 1990 年代開始，真正大行其道是進入 2000 年之後，其業者也改稱為電商。

從電商開始，蘋果（Apple）的智慧型手機就取代了傳統的功能型手機，讓手機進入革命階段。當年憑藉功能型手機在市場上呼風喚雨的諾基亞（Nokia）、摩托羅拉（Motorola）和黑莓（BlackBerry）都被淘汰，智慧型手機取而代之成為主流，至今全世界的手機生產者，不管什麼品牌，都以智慧型手機為主，這就是結合科技的變化。

隨著科技不斷進步，電商就與資通訊產業結合，資通訊產業是將電腦的資訊與手機的通訊整合在一起，隨著資通訊產業變成時代的主流，線上通路也從網商的時代快速轉變成電商的時代。

相較於網商的時代是以 PChome、Yahoo 等大型網購平台業者為主流，電商的時代則是人人都可以創業當電商。換言之，現在台灣很多年輕世代都嚮往自由，不想只被一份工作綁死，不想成為朝九晚五的上班族，就會從自己的興趣和專

長出發，自己玩電商。

這就如同台灣在 1970、1980 年代盛行的「客廳即工廠」場景再現。過去的「客廳即工廠」是家庭代工，把自家客廳當工作場所，現在的「客廳即工廠」是年輕世代把自家客廳、廚房當工作場所，只要架設好官網，再把自己的商品上架到官網，或不自己架設官網，而是把自己的商品上架到電商平台，就能開始販賣。這就是個體戶電商的開始。

而為什麼不談全世界的電商，只談台灣的電商？因為台灣的電商呈現蓬勃發展的態勢，愈來愈多人在玩電商。而電商的時代自 2000 年開始，其實除了電商之外，還有電視購物（TV Shopping）與郵購這兩種通路。這兩種通路是在 1990 年代的網路時代盛行，但是進入 2000 年之後並沒有消失，而是與當時新興的電商平台整合在一起，因此促使電商變成主流。

換言之，2000 年之後，電商漸漸取代網商，電視購物與郵購其實也被電商取代，漸漸式微，但是還是會繼續存在，不會消失，因為電視購物與郵購也是線上通路的一種，所以時至今日，線上通路仍在蓬勃發展，主要有三大通路：一是

電視購物；二是郵購；三是電商。

2010 年之後，隨著科技應用更廣泛，電商通路也發展出結合直播的新模式，也就是直播主（俗稱網紅）在線上即時導購叫賣。不過，後來就漸漸沒落，取而代之的是 KOL 與 KOC 變成主流。KOL（Key Opinion Leader）是關鍵意見領袖；KOC（Key Opinion Consumer）是關鍵意見消費者，也就是團購主、團媽。因為她們擁有在地的廣大人脈，常常一開團揪人合購，團購量就很可觀，因此蔚為主流。

» 現在

純線下與純線下都很危險

一、2020 年後的通路整合時代

二、Omni Channel 與 OMO 或複合店成主流

三、線上成瀏覽與下單，線下成商品體驗與取貨點

就我的觀察，不管是線上通路或線下通路，現在與未來都不會消失，但是會整合在一起。如果我們是商品提供者，就不能再只做代工，要做自有品牌，才能活下來。畢竟有商品要上市，打品牌是基本認知，品牌經營才能創造差異化價值，不會陷入價格戰。接著在品牌經營下，不管是在線下實體通路或線上虛擬通路，我們都要做到方便客戶消費。

線上通路的電商平台能集合各種品牌，線下通路的複合店、大賣場也能集合各種品牌。不管是線上通路的電商平台或線下通路的複合店、大賣場，都是讓所有品牌匯集到一個地方來販賣，這是線上通路與線下通路的共同趨勢，因此任何一個商品提供者都要意識到，未來我們的商品進入市場，必須面對 Omni Channel（全通路）時代的來臨。當 Omni Channel 成為通路經營的主流，我們就不能再守在單一通路，

也不能再分線上通路與線下通路，因為不管是線上或線下，都是通路，我們都要布局。

如果我們是通路經營者，過去可能只做純線上，或只做純線下，現在也要改變經營模式。因為消費者會有想要快速方便拿到商品的需求，這會影響整個線上與線下的運作，最重要的關鍵是，資通訊產業蓬勃發展下，電腦和手機打破了線上與線下的壁壘分明，促成了 OMO（Online Merge Offline）成為通路經營的主流。

換言之，未來的通路經營有兩大主流：一是 OMO；二是 Omni Channel。OMO 與 Omni Channel 是 並 行 的。Omni Channel 是要商品提供者或品牌經營者從過去的單一通路、多通路進入全通路。OMO 是要商品提供者或品牌經營者不能單純只做線上通路或單純只做線下通路，讓線上玩線上的、線下玩線下的，各玩各的，必須透過系統把線上與線下串接起來。若是還在單純做線上或單純做線下，就會很危險。

最近 5 年多來，我看到一個現象，就是台灣純做線下且過去曾經稱霸通路的前三大連鎖業者，現在都開始沒落，業績不再成長，可見以線下為王的業者會逐漸沒落，被取代。

諸如過去 50 多年來都是第一大的鞋業連鎖，最近 5 年來業績就不再成長，我也提醒他們很多次，不能一直以過去為光榮，因為大環境在不斷改變，若是還守在過去的榮景，業績就會不升反降。

這個實例也讓我們深刻體會到：「過去的成功常常會變成阻礙未來成功的絆腳石；仗著過去的成功，就會變成未來毀滅的開始。」因此我們不能仰賴過去的光榮，當大環境轉變了，我們就要跟著轉變。

畢竟線上通路出現後，線上通路與線下通路的差別就很大。以鞋子為例，過去線下通路為王時，一雙女鞋可以賣到 4000 元，一雙男鞋可以賣到 10000 元，但是線上通路出現後，一雙女鞋在線上只要 700 多元就可以買到，一雙男鞋也只要 1000 多元就可以買到，相較於線下的 4000 元，線上的 700 多元就可以買 5 雙，這就讓人喜歡在線上購物，導致線下通路開始衰敗。

再加上現在的人穿鞋子不會再修修補補，只要不好穿或不流行，就換了，因此賣鞋子的業者若還守在線下通路，業績就會一直往下掉。

若要翻轉上來，就要發展線上通路。前述的鞋業連鎖就是接受了我的提點，開始做郵購，才開始翻轉上來，只是因為經營者不了解線上通路該如何操作才有效，用了老化的團隊來操作，因此雖然做了線上通路，但是未能讓線上通路發揮最大效益。

若以線上通路與線下通路相整合的 OMO 模式來看，玩得最漂亮的業者就是 momo。momo 在線上是第一大電商平台，在線下也與台灣大哥大合作推出「到店取貨」的服務，可見商品提供者必須做 Omni Channel 的全通路鋪貨及 OMO 的商品告知，才能勝出。

雖然愈來愈多消費者傾向線上購物，導致實體通路愈來愈沒落，但是實體通路不會消失。因為消費者還是會想要親眼觀察、親手觸摸、實際試穿、實際體驗、實際感受，因此可能會先在線上搜尋，再在線下體驗。

體驗完之後，也可能沒有當場做決定，而是回到家後用手機或電腦在線上下單，最後到線下取貨，或等宅配到府，因此 OMO 會變成通路經營不可或缺的主流。

勝負在虛實整合

» 未來

一、無論內外銷均要通路整合

二、就近供貨創造優勢

三、運用 BI 掌握商品的供需優勢

四、善用品牌與服務創造市場價值

未來時代，不管做什麼行業，線上與線下都要整合在一起，而線上與線下的占比要多少，就看行業屬性。

例如疫情肆虐，導致很多餐廳、小吃店都被迫關門，可是有些懂得線上操作的餐廳、小吃店轉向外帶、外送，雖然沒有維持 100% 的業績，但是至少還維持了三、四成的業績。只有需要吃氣氛的餐廳，諸如火鍋、熱炒，一定要在餐廳吃才有感覺，外帶、外送就沒感覺，這樣的餐廳才會業績掉到只剩一成。

因此，線上線下整合的 OMO 模式在吃氣氛的餐廳可能行不通，但在百貨領域一定行得通。若要給一個參考值，我的

觀察是二比八，也就是 80% 的通路經營要進入 OMO 或 Omni Channel。

未來所有商品提供者，不管做什麼行業，都要思考如何做線上線下整合的布局及全通路鋪貨的布局。

有個很有名的做肉鬆的廠商，過去都是做線上的純電商，肉鬆餅和辣椒醬都賣得不錯，當他把品牌做出來之後，就開始到線下鋪貨。

我曾提醒他，不要全面鋪貨。他接受我的提點，就維持在百貨公司設點，然後開一家自己的街邊店，慢慢走上複合店。如今他除了賣原本的肉鬆餅和辣椒醬之外，也開始進入烘焙伴手禮市場。這代表他已清楚掌握複合店的經營。

其實除了他之外，很多年輕人都會自創品牌，建立自己的平台，再慢慢地從線上平台往線下發展。

諸如中部有個很有名的做蛋捲的廠商，也是從線上起家，再往線下發展。我也提醒他，必須將蛋捲做組合銷售，進入

伴手禮市場，再用同心圓理論擴充市場，才有可能在未來整個通路發展變革過程上，創造出屬於自己的一片天。

綜言之，科技的進步，網路與智慧型手機的發達，改變了消費者的思考和行為模式，促使消費者不會再單純地做線下購買或線上購買，會開始做線上瀏覽，線下體驗和取貨；或線下逛街，線上訂貨。

因此，不管是線上通路經營者或線下通路經營者，都要做線上通路與線下通路的整合，打破過去線上線下分離的界線。

再者，也要注意到，物流是影響未來成敗的關鍵，快速供貨才能贏得天下。正如 momo 能做到 5 小時快速到貨，因此能一躍變成台灣最大電商平台。

這也可見，未來不管我們要做線下運作或線上運作，都要重視物流、資訊流、商流的管理。物流的管理是要快速供貨，資訊流的管理是要加強資料庫（Database）經營及 Data Mining、BI（Business Intelligence）分析，商流的管理是要做

商品規劃。

　　當我們有重視物流、資訊流、商流的管理，我們在線上線下就能創造優勢；當我們沒有重視物流、資訊流、商流的管理，我們在線上線下就會失去優勢。

陳教授的課後習題

找 出 關 鍵 痛 點 · 問 題 迎 刃 而 解

OMO ｜打通線上線下結界

❶ 為何一定是「OMO」的銷售模式？

A：其實這是必然的發展趨勢，科技與消費模式成為主推的力量。因為從 2020 年電商普及化之後，加上科技與求方便，OMO 的線上線下整合就變成消費者的主要習慣。其實這也是被純線上交易的詐騙影響，加上希望有實質體驗感受後再消費的期盼，就促成此 OMO 的交易模式產生。

❷ OMO 交易模式應注意些什麼？

A：OMO 代表線上訂貨、線下體驗、實體取貨與指定配送，所以要有下列配套管理：
1. 官網與平台的簡易友善操作
2. 實體體驗與友善配送取貨
3. 線上線下的銷售業績與獎金歸屬分配
4. 銷售與客服的友善應對

針對大家關心的問題持續追蹤，並不定期的回覆與互動討論，歡迎讀者踴躍上線留言。

Chapter 1-4

—

跨境
才能成為國際級企業

» 過去
守在台灣也能成為隱形冠軍

一、1990 年以前的企業經營模式
二、1990 年後的被迫外移
三、2000 年後的跨境經營
四、2020 年後的國際布局

　　一家企業如何能成為國際級企業？首先要回顧一下，台灣在過去的時代雖然有很多企業都沒有成為國際級，但在整個經營發展上其實都做得相當不錯。

　　例如 1970 年至 1990 年的第一次經濟奇蹟，就是靠代工創造出來的。台灣可以靠代工創造經濟奇蹟，主要是因為有了日本在 1950 年至 1970 年創造經濟奇蹟的前車之鑑。

　　1970 年之後，日本工資日益上漲，日本企業就開始往外發展，首先就來到台灣發展。除了台灣之外，日本企業也往東協、泰國發展。不過，不可否認的是，日本畢竟統治過台灣，因此會對台灣較有偏好和信賴，於是紛紛把勞力密集型產業

或末端加工產業外移到台灣，使得台灣能靠製鞋業、紡織業及消費性電子產業的代工創造經濟奇蹟，也讓台灣很多企業成為隱形冠軍。

現在在全世界發光發亮的製鞋業－寶成，就是當時的隱形冠軍。過去在全世界發光發亮的紡織業－南紡、遠東、中和，也是當時的隱形冠軍。

我在1978年進入消費性電子產業領域，當時台灣的音響、收音機等消費性電子產業在全世界發光發亮，也打造了很多隱形冠軍。

可以說，台灣能創造這麼多經濟奇蹟，且能產生這麼多隱形冠軍，都是靠代工基礎打造出來的。而會有代工基礎，主要是有兩個原因。一是因為日本將它的末端加工產業移到台灣來，讓台灣成為日本海外最大加工島。

二是因為越戰在1960、1970年代如火如荼地進行時，參與越戰的美國把它的後勤基地放在台灣，美軍的軍需品採購、補給，乃至美軍度假，全都仰賴台灣，使得台灣除了前述提

到的製鞋業、紡織業、消費性電子產業之外，也在食品加工產業創造了很多成功案例。統一集團、頂新集團也是在那個年代打下基礎的。

而台灣在 1970 年代取代日本，成為全世界最大的代工生產基地之後，也出現了不少變化，最顯著的就是經濟奇蹟使得台灣的人均國民所得跟著提升上來，就業機會變得非常多，改變了台灣的整個經濟結構，也讓台灣在 1990 年之後正式脫離貧窮國家的名稱。

貧窮國家，過去稱落後國家，後來更名為開發中國家，現在更名為新興國家。這是以人均 GDP 1 萬美元作為分水嶺，1 萬美元以下是開發中國家，1 萬美元至 2 萬美元是進步中國家，2 萬美元以上是已開發國家。

台灣在 1990 年代是進步中國家，2021 年人均 GDP 首次超過 3 萬美元，就變成已開發國家。會有這樣的轉變，關鍵就在很多企業開始擴廠，相對的就業機會就增多，再加上勞動意識抬頭，人均國民所得水準就開始往上拉。

人均國民所得水準往上拉，就代表勞動成本會增加，勞動成本一增加，就讓很多企業主開始思考：「我還能用低廉勞動力來創造我的最大效益嗎？」因此 1990 年之後，台灣的隱形冠軍就不再只在台灣創造出來，而是以台灣作為一個基地，開始往外發展。

最初在 1980 年代，是往南發展，進入 1990 年代，就開始往西發展。最初會往南發展，主要是為了響應政府的南進政策，但是政府的南進政策推行沒多久，中國開始對外開放，這一開放，就使得台灣企業紛紛感受到，與其往南發展，不如往西發展，比較沒有語言障礙，因此台灣的整個代工基礎就漸漸外移至中國，產生以台灣為總部、以中國為工廠的經營模式，這樣的經營模式就讓台灣創造了經濟奇蹟。

正如泡麵市場，在中國可以長江為界，長江以北是康師傅的天下，長江以南是統一的天下。再如旺旺，在台灣靠米果起家，西進之後，漸漸發展成為中國休閒食品的龍頭企業。

當然，西進中國的企業，不全都是連總部也一併移至中國，很多都只是將生產基地移至中國而已，箇中關鍵就在低

廉勞動成本的考量，所以台灣的隱形冠軍還是持續在發酵，只不過生產基地已從台灣移到中國。

有趣的是，中國發展上來之後，時至 2010 年，台灣的隱形冠軍還是存在，但是生產基地已從中國移到全世界各地，所以我時常提醒守在台灣的企業，要注意東協國家的崛起。台灣的隱形冠軍依然可以將總部放在台灣，但是生產基地必須從中國移到東協國家，才有競爭力。

正如紡織產業就是從台灣移到中國，再從中國移到全世界各地，且越南、印尼都是紡織產業布局的重鎮。無獨有偶，PC 產業在 1990 年開始快速崛起，也同樣在全世界各地布局，將生產基地從台灣移到中國，再從中國移到印度、東歐、東協等地區國家。電子產業在東協布局的重鎮，主要是馬來西亞、泰國。

從這樣的現象，我們可以看出，能成為國際級的台灣企業，多半都是以隱形冠軍的形式，且多半都是以台灣為總部，1990 年以前，生產基地在台灣，1990 年以後，生產基地就移到中國、東協及全世界各地。

這也給了我們一個很大的啟示，台灣的隱形冠軍不再將生產基地放在台灣。因為大家都很清楚知道，台灣的市場規模太小了，只有 2000 多萬人口，土地也不大，有時還會缺水缺電，這些現象就使台灣的隱形冠軍出現變化。

　　換言之，進入 2010 年之後，鑒於台灣的市場規模太小，我們若是還以台灣的內需市場作為企業發展成為國際級的基礎，絕對會窒礙難行。

　　再說，我們也都知道，台灣這 400 多年來，都不是靠內需市場茁壯上來，而是靠國際貿易茁壯上來，即便時至今日，仍是如此。

　　因為台灣人口逐年遞減，台灣的市場規模只會愈來愈小，這樣愈來愈小的市場規模，不足以支撐我們變成國際級企業，因此我們（特別是靠代工起家的企業）若想變成國際級企業，就不能守在台灣，要做國際布局。

›› 現在
台灣市場規模愈來愈小，
還有外強入侵

一、內需市場為主的時代
二、代工加工外銷的時代
三、市場開放的時代
四、內憂外患的衝擊

台灣的代工經濟奇蹟帶動了台灣內需市場的活絡。而早期靠代工維生的企業，發現台灣內需市場活絡起來了，就將一部分產品轉入內需市場販售，這就造成我們很熟悉的末端消費性產業的連鎖產業出現。

台灣的連鎖產業是在 1980 年代出現，1990 年代大放異彩。若以便利商店及西式速食店來看，台灣是在 1970 年代末期導入（1978 年統一引進 7-ELEVEN，1984 年寬達引進麥當勞），1980 年代大放異彩。除了便利商店及西式速食店之外，百貨公司也是在 1980 年代台灣開放外商投資之後，開始大放異彩。

以我個人的經歷來講，我是在 1980 年代開始主導連鎖產業，因此有幸接觸到非常多的連鎖產業，實際主持過的連鎖產業包括台灣現階段的眼鏡連鎖前三大。我也協助過美髮連鎖的曼都成為業界第一大；食品烘焙連鎖的郭元益、一之鄉、禮坊成為台灣具有影響力的喜餅品牌。

而台灣的末端消費性產業可以如火如荼的發展成連鎖產業，關鍵就在 1990 年之前建立的代工基礎，創造了就業機會，提升了人均國民所得。人均國民所得一提升，消費力就跟著提升，內需市場就活絡起來。

內需市場活絡起來之後，很多先進國家就要求台灣不能只用低廉勞動成本製造的產品侵蝕它們的市場，必須與全世界接軌，於是台灣就被迫開放市場。

加入 WTO（世界貿易組織）之後，台灣的內需市場進一步開放，並大幅降低關稅，就促使很多國際大品牌進駐台灣，讓台灣消費者不必環遊全世界，就能接觸到全世界的國際大品牌。

而國際大品牌進駐台灣，也讓台灣面臨到一個情況，就是國際大品牌紛紛將台灣企業西進中國為它代工的產品，貼上它的品牌，進到台灣來賣。

　　換言之，我們日常生活中所用的很多物品都是 Made in China，但其背後其實都是台灣企業到中國代工之後，把成品賣到全世界的同時，也傾銷到台灣。這對台灣來說，就是一個不利的情況。

　　台灣內需市場消費力提升固然是好事，它讓企業能夠靠著台灣內需市場建立連鎖體系，形成一個大集團，但也引發不少在中國代工的台灣企業將它做好的產品賣到台灣。

　　可以說，我們現在所用的物品中，有 50% 都是來自中國製造，包括電商的產品。這就意味著很多電商其實都已在做跨境銷售。

　　跨境銷售是在 1990 年網路時代來臨之後興起的。對台灣企業來說，跨境其實並不是一個好訊息，因為跨境會使整個消費力提升的台灣面臨外來的價格競爭。

如此一來，守在台灣的企業就必須思考：「在台灣生產的勞動成本已高於中國與東協，在中國生產的產品又傾銷到台灣，如此雙重夾擊下，我們守在台灣，還能繼續創造我們的競爭優勢嗎？」

　　再者，過去我們可以透過在中國的代工外銷全世界，現在中國「一帶一路」的戰狼外交，讓很多國家開始反感，開始抵制中國製造的產品。再加上中美兩國從貿易戰打到科技戰，不僅對立關係加劇，脫鉤速度也加快，美國更聯合全世界的盟友圍堵中國，可見我們不僅守在台灣外銷全世界，可能失去競爭力，守在中國外銷全世界，也可能失去競爭力，因此如何國際化，成為國際級企業，已成企業經營刻不容緩的重要課題。

勝負在國際布局

» 未來

一、國際區域保護政策的影響
二、企業發展的擴充必然
三、國際布局的趨勢

　　台灣是靠貿易起家，接著在 1970 年代靠代工產業創造第一次經濟奇蹟，1990 年代靠個人電腦產業創造第二次經濟奇蹟，進入 2020 年之後將靠半導體產業創造第三次經濟奇蹟。而製鞋業、紡織業、電子產業是台灣過去創造經濟奇蹟且影響全世界的三大產業，它們一路走來的歷程，顯示台灣的產業結構必須轉變，台灣的企業應該往國際級規模發展。

　　台灣的企業如何往國際級規模發展？首先，我們必須看透的是，台灣未來會面臨的第一個情況就是全世界的「去全球化」現象愈來愈明顯。過去我們都是靠代工、國際貿易、低廉勞動成本，把優質的產品賣到全世界，去全球化就是在地生產、就近銷售，因此全球化的國際貿易時代會告一段落。

這會使得經濟學上的比較利益法則效益發酵。何謂比較利益法則？簡言之就是以我的優勢去換取我需要的東西。這個現象其實從有人類以來就有，只不過早期的人類是以物交換，且只侷限在一個小區域。

　　直到 16 世紀的大航海時代及 17 世紀英國殖民勢力影響全世界之後，才開啟我們現在所熟悉的全球化的國際貿易時代，而 1776 年亞當·史密斯（Adam Smith）在其著作《國富論》所做的論述，更是確立了全球化的國際貿易模式。

　　全球化的國際貿易模式可說是從大航海時代開始，至17、18 世紀，英國崛起，在全世界各地殖民，讓國際貿易有了大量的商品交易，進入 20 世紀之後，則蔚為主流，促成全球經濟發展上來，也造成已開發國家勞動成本提高，在自己做划不來之下，開始轉向日本、台灣、中國採購，而讓日本、台灣、中國得以藉由代工，成為世界經濟強權。

　　換言之，全球化的國際貿易模式開啟了國際分工模式，國際分工其實就是全球化國際貿易下的產物。

　　2020 年 COVID-19 引爆全球疫情大流行，已開發國家受到疫情的衝擊，開始對外鎖國、對內封城，也開始意識到全

球化國際貿易用低廉勞動成本來進行商品交換的比較利益法則已不是唯一，所以國際分工模式就漸漸式微。

其實自 2008 年金融海嘯衝擊全球之後，就有不少國家開始反思，從而有了提高關稅來保護國內產業的關稅保護政策。這樣的關稅保護政策後來也從國家範圍擴及區域經濟體範圍，亦即區域經濟體內的國家之間仍是自由貿易，對外才實施共同的關稅保護政策。

目前我們較熟悉的區域經濟體有歐盟、東協、USMCA（美墨加協定）、RCEP（區域全面經濟夥伴關係協定）、CPTPP（跨太平洋夥伴全面進步協定）。這樣的區域經濟體模式並不是 2010 年之後才出現，而是 2010 年之後才愈來愈明顯。

因為遠距離的國際貿易容易受到低廉勞動成本的衝擊與威脅，且容易妨礙當地國的產業經濟發展，因此愈來愈多國家開始透過區域經濟整合來實現在區域經濟體內的比較利益法則。

身為企業經營者與管理者的我們必須正視這個現象與趨勢，不能再靠中國、東協、南亞的低廉勞動成本來發展企業。

我們若想成為國際級企業，就要捨棄過去在低廉勞動成本國家做生產代工的經營模式，轉變成在全球各地做產銷布局的經營模式。

以台灣的標竿企業來看，其實很多企業很早就在全世界布局，像是紡織產業的儒鴻、聚陽、宏和、福懋，電子產業的緯創、鴻海、和碩。

台灣的原物料與零組件產業，以及我所熟悉的電子零組件產業，也早在 1990 年代就在全世界布局。正如我主持大毅科技期間，就在馬來西亞、印尼、中國都有設廠。會在這些地方設廠，就是為了就近供貨，因為客戶需要在哪裡做出成品，我們就要在他附近設廠，直接供應給他，他才會把訂單下給我們。

這個情況就使得台灣企業必須往國際級企業的方向發展。

換言之，區域經濟體的出現，取代全球化的國際貿易，開啟去全球化時代的來臨，這個情況迫使台灣企業必須成為國際級企業，運用在地生產，進入區域經濟體內，取得關稅的優惠，並取得勞動成本的優惠及就近供貨的優勢。當然，

區域經濟體內還是有國際貿易，只是它不再是全球化下長距離的國際貿易，而是區域化下短距離的國際貿易。

第二個情況是很多企業開始覺醒，紛紛在區域經濟體內設立成品的製造加工廠，因此上游的原物料與零組件供應商必須被迫跟進。這是供應鏈必須建立的就近供貨模式。

當然，除了上游的原物料與零組件供應商之外，下游做成品的企業也必須運用就近供貨模式。正如 1990 年代我主持 ViewSonic，我們賣電腦的 Monitor，就在海外客戶端附近設有 Bonded Warehouse（保稅發貨倉）來就近供貨。如此，既使得區域經濟體內的成品製造加工獲得更低成本的好處，建立物流倉來就近供貨，也使得成品銷售取得快速供貨、少量供貨的優勢。

第三個情況是2020年之後，很多已開發國家開始意識到，不能再仰賴生產基地做的產品，因為這樣的過度分工會造成過度依賴，形成發展上的障礙，因此開始積極鼓勵製造業回流，要求製造業要把工廠從低廉勞動成本的生產基地移回母國或母國的區域經濟體內。最典型的就是美國。台積電已在美國號召下赴美國設廠。

其實不只有台積電，和碩、緯創、仁寶、廣達、英業達等電子五哥都已視客戶需求，在美墨邊界設廠。我在 1990 年代主持一家做電腦周邊產品的企業，也在美國併購了一家公司，同時把加工廠設在美墨邊界的自由貿易區（Free Zone）。換言之，美墨邊界的自由貿易區其實已有上百家台灣企業進駐，因為它是免稅區，企業可以利用墨西哥的低廉勞動力，組裝成成品之後，回銷美國，享受免繳進出口關稅的優惠。

這也可見，有前瞻眼光的企業，早就在全世界設廠了。真正能成為國際級的企業，都不會一直守在台灣，只靠小小的內需市場維生，只覺得有賺錢就好。因為靠著台灣的內需市場維生，會愈做愈小。

台灣人口在 2020 年還有 2300 萬人，但是 2020 年出現死亡人數超過出生人數的「死亡交叉」之後，台灣人口正式進入負成長態勢，到了 2050、2060 年可能就僅剩 1800 萬人，再加上人口結構老化，人口紅利逐漸流失，就意味著台灣的消費人口在遞減，台灣的消費力即便在人均國民所得提升，能夠增加消費支出的情況下，也不會帶動台灣內需市場更加蓬勃發展。

因此，企業必須不斷成長擴大，才能永續生存。我們可以觀察一下比我們早先一步成為經濟奇蹟代表的日本。日本在 1950 年至 1970 年創造經濟奇蹟，但是後來卻沒落了，並且一沒落就 30 年之久，至今還未翻轉上來，為什麼？

　　以循環週期（波浪理論）來鑑往知來，日本每 40 年就會出現一個輪迴，亦即日本在 1900 年代憑藉明治維新建立的君主立憲制，富強上來，變成世界強權；40 年後的 1940 年代，就因二戰慘敗，被麥克阿瑟統治，一切重新開始；40 年後的 1980 年代，又憑藉生產基地的地位，快速橫行全世界，變成世界強權；直到 1985 年，美國制裁日本，逼日本簽署廣場協議，導致日圓大幅升值，出口競爭力應聲減弱，日本又開始沒落下去。

　　若依此推估，再加 40 年，日本將在 2025 年以前陷入谷底，2021 年主辦東京奧運的大虧本，則加速了日本經濟的停滯。日本若要再起，可能要在 2025 年以後。

　　若以日本的 40 年作為一個循環週期來看台灣，台灣是在 1970 年代發展上來，1990 年代受益於 PC 產業的崛起，達到顛峰，因此台灣是 20 年作為一個循環週期，20 年後的 2010

年代又達到顛峰，若依此推估，2020 年想要靠內需市場創造經濟奇蹟，應不容易。再加上台灣人口在遞減，內需市場規模在萎縮，台灣可能在 2050、2060 年陷入谷底。

即便是過去非常蓬勃發展、非常令人自豪、並賴以為生的末端代工產業，在台灣也會開始沒落。要翻轉上來，就要轉型成以尖端科技發展為主，並且整個企業的經營布局也要國際化的進入區域經濟體。因為代工不再是台灣的強項，台灣必須加強研發，提升變成高科技產業的研發中心，才有未來。若是末端成品產業，就要趕快到海外布局，因為光靠台灣，只會愈做愈小。

換言之，除了製造業要發展成國際級企業之外，零售流通業也要發展成國際級企業，若是只會很狹隘地守在台灣的內需市場，就會把很多大好機會拱手讓人。正如我們之前在中國、現在在東協，本來有很好的機會，但是因為沒有國際宏觀的思維，沒有想要跨境經營，因此被別人捷足先登，搶下更大的市占，如今想要在中國、東協發展，已經沒有很大的空間，實為可惜。

陳教授的課後習題

找 出 關 鍵 痛 點 · 問 題 迎 刃 而 解

跨境｜才能成為國際級企業

❶ 台灣企業經營容易跨境嗎？

A：這是一個很好的思考，要了解台灣 400 年來是靠國際貿易起來的，只是 20 世紀全球國際貿易盛行，也因科技讓 EC（Electronic Commerce）的線上交易普及，讓全球日益無國界限制，所以商品應透過各種管道行銷全世界，方能避免自我困在台灣的小小在地市場。任何品牌都要設法進入國際市場，方能創造企業的影響力與國際化。

❷ 「跨境」是否會很難？

A：若一直是井蛙思維與微型經營思維，當然就會有此擔心與困擾，不過只要有：
　　1. 取得低成本優勢
　　2. 銷售量能大幅成長
　　3. 將台灣的好推廣出去
　　就會有動力去規劃了！
　　可有下列方法：
　　1. 藉品牌知名度運用在地通路優勢
　　2. 運用多元語言平台溝通
　　3. 運用各種有效媒體宣傳
　　4. 運用在地團媽、KOL 推廣
　　5. 透過少量寄送
　　6. 建立就近發貨倉發貨

針對大家關心的問題持續追蹤，並不定期的回覆與互動討論，歡迎讀者踴躍上線留言。

Chapter 1-5

敏捷
管理才能留下新世代菁英

» 過去
企業靠家長式集權打下天下

一、1990 年以前的家長式經營模式
二、1990 年後的授權式經營模式
三、2000 年後的分權式經營模式

　　1950 年代的台灣非常貧窮，無論是產業經濟或民生經濟，都要靠美援，但也因為韓戰時，美國給予台灣大量的援助，才讓台灣雖然仍陷貧窮，但政局已逐漸穩定下來。

　　政局穩定、社會安定之後，就創造了一個特殊情況－嬰兒潮世代出現。因為國民黨政府戰敗，從中國退守台灣時，帶著 100 多萬軍民進入台灣，讓台灣人口一時驟增，接著在經濟落後、政局卻漸漸穩定之後，出生人口快速暴增，這波快速暴增的出生人口就被稱為嬰兒潮世代，這批嬰兒潮世代帶來了台灣人口的快速增加。

　　1950 年至 1960 年，台灣人口快速增加，對台灣有什麼幫助和影響？最大的幫助和影響就是 1960 年代越戰期間，美軍將後勤補給中心放在台灣，造就台灣基礎民生產業的代工模

式崛起，至 1970 年代大放異彩。這是台灣開啟經濟奇蹟的一大關鍵。

　　台灣的第一次經濟奇蹟是先靠韓戰和越戰，分別作為日本的加工基地和美國的後勤基地，奠定基礎；再靠嬰兒潮世代提供大量的勞動力，形成支撐；再加上台灣被日本打造成它的海外最大加工島之後，歐美先進國家也仿效日本，在台灣設立代工廠，形成助力，因而能在 1970 年代創造經濟奇蹟。

　　換言之，台灣因為韓戰和越戰帶動代工產業蓬勃發展，代工產業蓬勃發展又帶動整個製造業蓬勃發展，再加上政府設立加工出口區，吸引大量僑外資來台灣設廠，創造大量就業機會，政府推動十大建設也需要大量勞動力，而台灣嬰兒潮世代的大量勞動力進入勞動市場，因為貧窮，勞動成本較低，就成為創造台灣經濟奇蹟的一股強大力量。

　　這樣大量低廉的勞動力就促使台灣在代工產業初期發展出很多製造業或買賣業的小微企業。小微企業指的就是雇用人數在 30 人以下的公司。雇用人數若在 300 人以下，就稱為中型企業。台灣企業，到今天為止，還是以中小微型企業為主，占台灣企業總數近 98%。

因為 1960 年代後期，台灣很多代工產業接了外國訂單，卻人手不足，因此 1972 年，時任台灣省主席的謝東閔就倡導「客廳即工廠」的政策，鼓勵家庭代工，這就建立了手工代工業的基礎。台灣很多小微企業就是從這樣的規模開始的，所以這個時期，台灣都是大量低廉的勞動力在做代工、製造業、買賣業或門店櫃產業，台灣經濟也因此蓬勃發展起來。

因為我經歷過這一個階段，所以我很清楚當時一個門店櫃人員的月薪大約只有 15000、16000 元，這個薪資是很低的，若是現在，誰會去做這種薪資的工作？然而，1990 年以前的勞動市場就是這樣一個現象。

因為當時的勞動市場是供給大過需求，因此這些中小微型企業老闆就開始出現家長式領導的經營模式。

換言之，這個時期的中小微型企業老闆並不是因為喜歡，才做家長式的威權管理，而是因為當時的勞動市場供給大過需求，讓他有了比較大的管控權力，也讓家長式的威權管理模式變成主流。即便時至今日，這種家長式的威權管理模式仍影響著台灣很多的中小微型企業。

當然，1990 年以前，嬰兒潮世代造成勞動市場供給大過需求，使得很多老闆以家長式領導模式來進行掌控，但是進入 1990 年之後就不一樣了，因為 1990 年之後整個勞動市場出現一個大反轉。

我們可以拿全世界的工業化革命趨勢來做一個觀察。所有工業化革命中，工業 1.0 是 1776 年的機械化革命，形成工廠制度。工業 2.0 是 1960 年代的自動化革命，自動化就是機械電機自動化、生產線的機台設備自動化，工廠是靠生產線輸送帶的速度決定勝負；其實若以現在的觀點看，當時的自動化只能算是半自動化，還不算全自動化。工業 3.0 是 1990 年代的資訊化革命，隨著電腦發展上來，工廠還要靠生產線機台設備的精密度決定勝負，如此一來，工業電腦就是勝負關鍵。工業 4.0 則是 2010 年代的 AI 化革命，AI 化就是自動化與資訊化的整合。

1776 工業 1.0 機械化	1960 工業 2.0 自動化	1990 工業 3.0 資訊化	2010 工業 4.0 AI 化

若以時代背景來看，台灣的勞動市場在 1960 年代自動化革命時，除了手工代工之外，組裝加工是生產線的半自動化，因為有機台設備，但又需要作業員，因此就大量雇用勞動力。而半自動化的勞力密集組裝，就使得台灣許多中小企業都在這個時候成形，成為台灣創造經濟奇蹟的關鍵。

　　再者，生產線自動化的過程，就會應用到管理學的發展。科學管理之父泰勒（Frederick W. Taylor）所倡導的科學管理，其實就是生產線（流水線生產）的概念。它告訴我們：整個生產流程由一個人從頭做到尾，要花很長的時間，如果把生產流程拆解成一個個工作站，每個工作站的作業員只要一直重複做一件事情，他就會熟能生巧，提升品質與效率。

　　這改變了生產模式，亦即泰勒在 1910 年代提出科學管理的主張之後，美國在 1940 年代、日本在 1960 年代、台灣在 1970 年代成為主流。因為半自動化的勞力密集組裝需要大量勞動力，因此雇用大量勞動力成為科學管理主張下的一個產物。又因為嬰兒潮世代的勞動力豐沛，生產線自動化又大幅減少人力需求，兩者整合下來就變成勞動市場供給大過需求。

　　1990 年之後，台灣經濟成長，所得水準提升，再加上很

多嬰兒潮世代在 1990 年代已成為中小企業老闆,這些老闆賺到錢之後,不會讓他們的二代繼續做辛苦的藍領工作,會加強培養二代,因此二代有了比較高的學歷和優渥的生活環境,也會從事白領工作或開始接班。

1990 年之後,嬰兒潮世代事業有成,在勞動市場上的勞動力也開始消失,勞動市場就出現了供需平衡的狀態,但是很多企業二代和知識水準提升的上班族,因為學歷的提升,不願意做藍領工作,就選擇做白領工作,藍領工作在勞動市場上的均衡狀態就開始出現逆轉。

這個逆轉的出現,就導致台灣製造業必須出走。這也可見,台灣製造業會出走,主要是因為勞動成本提升,勞動意識改變,藍領工作缺工,迫使依賴大量低廉勞動力維生的工廠或代工廠必須外移。因為當時中國崛起,擁有大量低廉勞動力,因此台灣很多工廠、代工廠就往中國移轉。

有趣的是,台灣產業外移,按理說,台灣勞動市場的失業人口應該會增加,可是結果沒有,為什麼?因為台灣的末端消費市場自 1980 年代開始蓬勃發展,百貨公司、量販店、連鎖店、街邊店等零售流通業,及國際貿易等買賣業,需要

非常多的白領工作者，所以台灣勞動市場的勞動力需求就從藍領為主變成白領為主。1980 年至 2000 年是台灣白領蓬勃發展的時代。

1950 年代的嬰兒潮世代開啟了 1970 年代的創業時代；20 年後，製造業開始外移，買賣零售流通服務業就順勢發展上來，開啟 1990 年代的買賣零售流通服務業主導時代，也促使這個世代的勞動價值觀完全改變。

過去企業的家長式高壓領導，員工鑒於僧多粥少，得來不易，為了求得一份穩定的工作，會乖乖聽命行事，但是 1990 年之後就不一樣了。因為勞動市場的勞動價值觀改變，也因為勞動意識改變，導致勞動市場供需失衡，因此員工不會再像過去一樣，為了一份工作，當乖乖牌，企業若還像過去一樣，用高壓領導來壓迫員工乖乖聽話，就找不到人。

再說，企業從小微企業擴大變成中小企業，再從中小企業擴大變成大企業，隨著組織規模擴大，老闆想要一個人掌控所有一切，顯然已不可行，因此管理模式要改變，要開始分工、授權。

換言之，當我們還是小微企業時，一個人管 20 個人還可以一眼看盡，所以用家長式威權管理沒有問題，但是當我們擴大變成中小企業時，一個人管 200 個人就會出現管理死角，稍有不慎，就會失控，因此不能再用家長式威權管理，一個人管所有人，必須授權，於是功能性組織就出現，企業就有專業分工與部門劃分。

　　這樣的授權管理模式自 1980 年至 2000 年一直是台灣企業的主流，直到進入 2000 年之後，台灣企業才有了新的變化。

　　1990 年代前後出生的人在 2010 年代開始進入勞動市場，他們進入勞動市場的時代是買賣零售流通服務業主導的時代，同時也是台灣第二次經濟奇蹟出現，電子產業和資通訊產業蓬勃發展的時代。

　　這個時代，就業機會增多，再加上學歷提升，勞動價值觀完全改變，轉向以白領為主，勞動意識也完全改變，自主意識更加強烈，這就導致勞動市場出現需求大過供給的現象。

　　相較於 2010 年之前，勞動市場是供給大過需求，是很多人找一份工作，2010 年之後，勞動市場則變成需求大過供給，

是一個人可以有很多個工作機會，工作很好找，創業也很容易，因此勞動價值觀完全翻盤。

在這樣的氛圍下，台灣就進入分權管理的時代。何謂分權管理？分權管理就是彼得‧杜拉克（Peter F. Drucker）的責任中心制、稻盛和夫的阿米巴制、IBM 的事業部制，以及我在 1986 年創立的內部創業制。

因為自主意識抬頭的勞動者都想要有自己的一片天，我們若是還靠授權管理，就留不住想要擁有自己一片天的菁英，因此分權管理的模式就出現。

換言之，從嬰兒潮世代需要就業機會，到有了就業機會、創業機會之後，1970 年代創造台灣經濟奇蹟，就產生第二世代。第三世代則從 1990 年代前後開始出現，因為網路的發達，整個國際觀的建立，勞動價值觀就改變。

所以，2000 年之後變成分權管理的時代，並不是企業主多偉大地去做授權或分權，而是時代背景迫使他們不得不改變他們的經營模式，也就產生所謂的 BU（Business Unit；事業部）制的盛行。

» 現在

集權只會用到忠臣與佞臣

一、過去企業用人喜忠誠與服從

二、現在重視菁英與績效

三、新世代的價值觀與自主意識

1970 年至 1990 年，絕大多數台灣企業用的人都離不開兩種人：一種是忠誠的乖乖牌，一種是表面服從，內心可能會使壞的佞臣，所以在這樣的環境下，企業主必須強勢，因為會面對到的是「忠臣」或「佞臣」，而忠臣沒有什麼表現，只會乖乖的、很聽話、很被動，佞臣則常常會投機取巧。

這也可見，我們不能去怪台灣早期中小微型企業老闆都非常的家長式集權管理，因為他面對到的勞動力不是聽命行事，就是表裡不一，因此他們會需要威權領導、高壓控制。

這樣的集權管理模式自 1950 年盛行至 1990 年，直到 1980 年至 2000 年才轉而盛行授權管理模式。

因為勞動市場開始出現變化，過去勞動市場是供給大過

需求，1980 年至 2000 年就變得不一樣，勞動市場開始進入供需平衡的狀態，企業經過這樣的發展過程，開始與全世界接軌，再加上與國際級企業的合作及外資進駐台灣，台灣企業就開始重視經營與管理。

我從 1980 年代開始，就在很多的訓練單位講授經營管理的課程，當時只要開課，都是上百人上課，可以深刻感受到台灣企業主與上班族對學習的渴望是多麼強烈，特別是對經營管理知識的渴望。

有人說，台灣的經濟奇蹟是靠低廉勞動力，其實我必須說，台灣的經濟奇蹟不只有靠低廉勞動力，因為 1980 年之後台灣企業對經營管理的求知慾非常強烈，他們也非常用心地去經營企業，主要原因就是他們從管理學中領悟到一件事情，就是工作要看到績效，這讓他們開始意識到：「我要高績效！」

績效兩個字的定義是產出大於投入，產出是分子，投入是分母，產出大於投入就是績效。這是管理學所重視的，因此大家就會開始思考：「我要用什麼方式來創造績效？」

第一個關鍵當然是透過設備的改善，第二個關鍵則是透

過菁英人力的導入，要的是熟能生巧的熟手。

這就與嬰兒潮世代雇用的人力多是忠臣或佞臣完全不同，在那個年代可以用家長式領導，但是進入 1980 年至 2010 年，台灣勞動市場呈現供需平衡狀態，企業經營者與管理者開始發現到，威權已經無效，家長式領導已經不合時宜，就會開始學習經營管理的知識，從中了解績效的重要性，於是積極去做設備的投資、人力素質的提升、組織菁英的打造，以求用到真正能創造績效的人來創造高績效。

而要用到真正能創造績效的人，有兩個基礎：一是他們不是天生就厲害，必須訓練他們，讓他們從生手變熟手，從熟手變高手；二是要啟用真正有價值的菁英，而不是只有勞動力的庸才。

這是經營管理觀念的一個蛻變。在這個階段，台灣企業對於勞動市場的需求就變成重視教育訓練，要用更高階的菁英來創造經營績效。

進入 2010 年之後，第三世代開始進入勞動市場。這個世代具有高學歷水準，在高學歷水準之下，又有資訊取得容易

的環境，就有更多與國際接軌的機會，因此自主意識強烈。

其實，隨著大學學歷愈來愈普及，現在在台灣的勞動市場裡，要找到一個非大學畢業的人還真不容易。當然，現在大學畢業的素質也不像過去那麼高，不過，因為高等教育普及，所以每個人的見識、思維就寬廣許多，會有很多不一樣的想法，與過去家長式領導的時代完全不一樣，甚至開始有強烈的自主意識，讓企業在經營績效與管理層面開始重視。

而何謂自主意識？就是我喜不喜歡、願不願意投入，都要看我的感受。再者，因為家裡收入穩定，我可能不愁吃穿，即使我沒有工作，靠家裡一樣可以活下去。

這就產生現在很有名的宅男宅女、躺平族，且因為現在是資通訊時代、雲端時代，可以隨時透過電腦、手機來運作一切，就讓很多有想法的躺平族玩起電商，促使台灣電商產業在 2010 年大爆發，為台灣開啟新的產業經濟時代。

這就是台灣勞動市場勞動價值觀的轉變。這也是企業經營者與管理者必須面對的台灣勞動市場的變化。

» 未來

勝負在敏捷管理

一、新世代勞動價值觀的改變

二、科技改變一切的時代

三、專技與專案的新經營模式

四、當責與整合成為敏捷價值

未來我們會面對到的情況非常特別。首先，2010 年之後的新世代的勞動價值觀會變成主流，且創新、創業與專業會變成主流。主要原因就是學歷提升、資訊透過網路快速傳遞、管理知識提升、所得水準提升。這四大因素構成新世代勞動價值觀的大轉變。

轉變成什麼？第一是自主意識強烈，第二是無後顧之憂，第三是不願意到企業工作，不願意被企業約束和控制。這是因為所得提升，即便不來工作，也可以過活。

這樣的轉變就迫使企業經營者與管理者必須正視，未來我們用的團隊會是一個自主意識很強、創新概念很強、不受約束的新世代團隊。

這個新世代，我把它稱為雲端世代。因為從經營的觀點看，第一是取得資訊的管道太容易，可以從各種地方收集到所要的知識；第二是科技改變所有一切。

　　換言之，進入 2010 年之後，隨著科技進步，網路資訊發達，我們快速從手機、平板為主流的時代，進入到雲端為主流的時代。

　　雲端工具使得我們的工作方式改變。過去我們一定要到一個地方集中工作，有了雲端之後就變成在家也可以工作，尤其是 2020 年疫情的爆發，更加速在家工作、遠距工作成為常態。

　　而工作方式從過去到同一個地方工作，變成在家工作、遠距工作、線上工作，這就讓很多新世代在這樣的氛圍下更加獨立，更加運用科技的力量來創造他的專業性。

　　這也成了新的工作型態，工作的場域不再是全部集中在一起，而是分散在各個地方都可以工作。這讓企業的經營模式有所翻新，勞動者也紛紛運用科技的工具，採行雲端和無線的溝通與互動，因此未來勞動市場的工作模式中，專技會

被需要，但是專技會變成專案的導用和管理。

　　如此一來，企業經營者與管理者要做的就是整合管理。老闆和主管要變成整合者（Integrator），如同是綁粽子的粽頭，下面會拉很多條線，每一條線就是一個工作者或一個專案，老闆和主管要整合很多的專業或專案，再由承接專案的人去完成任務使命，老闆和主管再透過專案承接者的運作去創造企業的效益價值。

　　換言之，未來企業經營者與管理者要發揮 SI（System Integration）的集成、整合功能。SI 模式就會成為未來企業的主流。過去企業的主流是分工、授權、分權，未來企業的主流是集成、整合，亦即先外包或委任專業的人去完成專業的一部分，我們再做彙整的工作。

　　這樣的經營模式不只適用於台灣市場，國際市場也要這麼做。在去全球化的時代背景下，我們在區域經濟體的操作可以是在當地賣東西，但是賣的東西不是來自台灣出貨，而是在當地就可以發貨，然後整合在當地賣，如此，我們在區域經濟體就會產生產業鏈（＝供應鏈 × 通路鏈）的整合效益。

換言之，勞動市場的轉變影響著經營模式的轉變，台灣企業經營模式的主流已從威權到分工到授權到分權，再到現在的整合，可見我們現在若是還在用威權管理，就落伍了，要做整合管理，才是王道。

其實我們可以想一下電商產業是怎麼來的？電商就是客廳、餐廳、廚房就能創業。全世界絕大多數的電商都是這樣開始的，也是從蘋果（Apple）創辦人賈伯斯（Steve Jobs）和微軟（Microsoft）身上學到的，亦即有一個創意就能提供商品或服務，因此未來的時代會變成專技和專案主導的時代，如此，企業經營者與管理者就要變成整合者。

再者，疫情加速在家工作、遠距工作、線上工作成為常態，也讓敏捷思潮開始盛行，再加上第四世代在 2010 年代開始出現，以及各種因素結合在一起，台灣的未來會變成當責的時代，因此近年來我都在告訴大家當責的重要性。

因為我看到這個趨勢的來臨，不管是資方或勞方、經營者或管理者，我們大家都要面對敏捷當道的時代。敏捷的基礎是當責，當責的基礎是這些新世代不虞匱乏，他們就會用他們的創意來創造可被重視的績效價值。

而何謂當責？效益就是當責，相較於效率是產出大於投入的百分比，效益則要乘上金額的價值。換言之，當責不再是聽命行事，而是自動自發，亦即我要為我自己負責，我要為我自己創造可被重用價值，我要活出自己，所以目標我自己設定，我自己實現。

這就是敏捷管理（Agile）。敏捷管理的重點就是：

一、每個人都是自動自發。
二、每個人的目標都是自己設定。
三、每個人都要自己想對策超標。
四、每個人都要把目標的效益價值創造出來。

敏捷管理就源自 2001 年 17 位軟體開發專家齊聚於美國猶他州提出的敏捷宣言，後來被應用到企業管理上，2005 年引進台灣。

可惜的是，當時的台灣還活在威權管理、授權管理的模式，並沒有真正意識到敏捷管理的重要性。直到進入 2010 年，第四世代出現，他們的自主意識非常強，因此到了 2020 年之

後的今天，敏捷管理就開始被廣泛討論，甚至組成敏捷協會。

因為時機到了，環境已經成熟了，敏捷管理就變成主流。當敏捷管理變成主流，我們就不能落伍地還守在過去的經營模式，必須跟上時代，才能網羅新世代的菁英團隊來創造未來。

陳教授的課後習題

找 出 關 鍵 痛 點 · 問 題 迎 刃 而 解

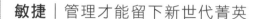

敏捷 | 管理才能留下新世代菁英

❶ 「敏捷」是否可以導用於台灣的企業？

A：這是很嚴謹的話題，因為這是趨勢，但不一定均適用於
台灣的企業，這有兩個微妙的因素：

　　1. 雖然新世代漸成主流，但是東方民族性使然，一時仍
　　　不易積極主動表達與爭取。

　　2. 台灣企業的世代交替仍需時間，因此至今只有少數軟
　　　體產業公司與新世代 CEO 方易導入。

❷ 為何「敏捷」管理得等新世代全面取代經營管理階層，
方有機會？

A：因為「敏捷」有一特質是全員要主動積極自訂努力目標，
且自發性參與變革創新的執行實現，創造高績效·所以
目前只是認知階段，普及尚需時間。

針對大家關心的問題持續追蹤，並不定期的回覆與互動討論，歡迎讀者踴躍
上線留言。

Chapter 1-6

斜槓
終結傳統雇用模式

» 過去
大量用人也不缺人

一、1990 年以前勞動市場供給大過需求
二、1990 年後新世代興起，勞動價值觀改變
三、2000 年後勞動參與率進入高原期
四、2010 年後勞動市場逆轉

　　1970 年代是台灣經濟開始起飛的階段，也是台灣創造經濟奇蹟的開始。這個階段進入勞動市場的是嬰兒潮世代，嬰兒潮世代是在 1940、1950、1960 年代出生，1970 年代前後進入勞動市場，因為人口龐大，就促使勞動市場出現供給大過需求的現象，而當勞動市場供給大過需求時，「價格」就會下降。

　　以經濟學的供需法則來說，價格下降指的就是工資會比較低廉。因為 1970 年代正好遇到台灣經濟起飛，首先是日本、歐美國家的企業在台灣設廠，讓代工產業在台灣蓬勃發展，接著是加工出口區的模式在台灣快速發展，吸引大量外人來台灣投資設廠，創造了大量的就業機會，於是台灣勞動市場的需求就大量增加，而嬰兒潮世代此時進入勞動市場，讓勞

動市場的供給大量增加，正好彌補了勞動市場的大量需求。

　　這就造成這個時期的工資是比較低廉的。這個時期也還沒有《勞動基準法》，主要是依據《工廠法》。我們現在所熟悉的《勞動基準法》是到了 1984 年，政府為了因應勞動市場的現況，才頒布的。這也可見，《勞動基準法》的規範是源自於《工廠法》的修訂和移轉，而《工廠法》是以製造業為基礎，因此早期的《勞動基準法》非常僵硬，雖然到目前為止，《勞動基準法》已經經過多次修訂，適用範圍已經擴及買賣業、零售流通業、服務業，但是還是沒有辦法完全迎合台灣勞動市場的變化。

	1950	1970	1990	2010
第一世代	出生	進入勞動市場		
第二世代		出生	進入勞動市場	
第三世代			出生	進入勞動市場

　　1990 年之後，進入勞動市場的人就不一樣，他們多是 1970 年代前後出生的人，整個成長背景、生長環境與前一個

世代－嬰兒潮世代完全不一樣。嬰兒潮世代的勞動價值觀是多賺點錢來貼補家用，因此在辛苦賺錢持家的過程上，與下一代相處的時間就比較少，對下一代就比較疏忽，出於勞動經濟學中的補償心理，對下一代就會特別好、百般呵護，再加上努力賺錢、存錢之下，慢慢富裕了，也不需要且沒必要要求下一代要多賺點錢來貼補家用。

這對台灣的勞動價值觀就帶來很大的蛻變。以前的勞動價值觀是要忠誠、服從，但是 1970 年代前後出生的人在 1990 年代進入勞動市場時，台灣人均國民所得已超過 1 萬美元，進入進步中國家之列，家計所得已經提升，家長不需要子女去多賺點錢來貼補家用，因此這個世代的勞動價值觀就比較自我，比較喜歡發展自己的興趣和喜好。

且這個世代進入勞動市場時，又遇到台灣第二波產業經濟崛起，亦即 1990 年代台灣 IT 產業（現稱資通訊產業）發展更快速，且影響全世界，這就給了新加入勞動市場的勞動者更多與過去完全不一樣的工作機會。

相較於嬰兒潮世代是偏重在傳統產業中勞動力高的工作，諸如組裝、生產，必須有很多的加班工作，1990 年之後進入

勞動市場的新世代，因為學歷高，進入的市場是所謂的新科技產業，因此在整個就業觀念、社會地位和社會形象上就完全改觀。這是台灣第二波勞動價值觀的變化。

台灣第三波勞動價值觀的變化，則發生在 1990 年以後出生的人身上。這個世代可稱為第三世代。第三世代比前兩個世代還要特別。

第一世代－嬰兒潮世代是創業世代，乖乖牌，想要多賺點錢來貼補家用，提升家計所得。第二世代是 1970 年代前後出生者，他們在 1990 年之後進入社會，面對的是新科技時代，因此有很多與外界接觸的機會。

第三世代是 1990 年之後出生者。1990 年代，台灣很多電子產業開始出現外移的現象，勞動市場的投入者不是只在台灣工作，可能還會到中國、東協國家工作，因此台灣的勞動市場也出現外移的現象，但相對的，因為傳統產業與科技產業蓬勃發展，出生率開始下降，家計所得又提升上來，讓人不願意去做粗重的工作，因此台灣的勞動市場又出現兩個衝擊。

一是勞動力供給減少，新進勞動力不願意再進入傳統粗重的藍領工作。

二是白領工作或科技新貴開始往海外發展。

這兩個因素讓台灣勞動市場的勞動力陷入短缺，因此1990 年之後，台灣開始引進外來勞動力，包括菲律賓、泰國、馬來西亞的勞工。大量的移工進入台灣的產業，尤以製造業居多。這是第二世代末期的現象。

到了第三世代，勞動力供給就更加減少。因為台灣的出生率一直下降，自 2020 年開始就出現死亡人口多過出生人口的現象，這是台灣人口成長率的逆轉，且他們寧可去賺錢比較少的白領工作，也不願意去賺錢比較多、但付出時間比較長的藍領工作，因此勞動價值觀完全改變。

相較於第二世代喜歡進入科技產業發展，第三世代雖然也有一部分的人會進入科技產業發展，但更多的人會進入零售流通業、服務業發展，因此現階段很多大學生在念書時會到零售流通業、服務業打工，他們不完全是為了多賺錢，更多時候是為了多歷練。

他們想在社會經驗上有一份歷練，所以就去打工。當然，打工也可以獲得一些所得，但是基本目的不是為了多賺錢，因為家長的過度照顧，讓他們成為不虞匱乏的世代。宅男宅女、媽寶爸寶的出現，就是一個寫照。

而很多學生族群或年輕世代重視打工，台灣的勞動參與率應該會進入高峰，然而，實際看來並沒有那麼高。這樣的現象可從勞動經濟學的觀點來了解。

勞動經濟學上，失業率中的「失業」指的是沒有工作，也就是有工作意願，但找不到工作。然而，台灣的失業率很特別，除了正常的失業之外，還有異常的失業。異常的失業包括隱藏性失業、摩擦性失業、結構性失業。

隱藏性失業指的是沒有到外面工作，可能是自己家裡有農田、果園，自己就在家裡幫忙務農，或自己家裡開店，自己就在家裡幫忙顧店，看似有工作，沒有失業，實則在就業統計上，他沒有進入外面的勞動市場，就被視為隱藏性失業人口。

摩擦性失業指的是對現有的工作不太滿意,決定換工作、轉換跑道,而換工作、轉換跑道期間會有 1 到 3 個月的短期失業,這時就被視為摩擦性失業人口。

結構性失業指的是學有專長、有技能,也有工作意願,但是就業市場上需要的工作,和自己的專長是不合的,沒有公司要雇用自己,這時就被視為結構性失業人口。

台灣的失業率是把正常的失業與異常的失業全部加在一起統計,才會這麼高。如果把隱藏性失業、摩擦性失業和結構性失業全部扣除,台灣真正的失業率其實不高,台灣的勞動參與率其實是在提升的,特別是女性勞動參與率。台灣社會過去是男權至上,女性地位低落,但是自 2000 年開始,女性地位就開始提升,目前台灣的女性地位是亞洲地區最高漲的。若以東協國家來看,也只有越南比較特別,其他國家的女性勞動參與率都是偏低的。

換言之,雙薪家庭的出現,讓台灣傳統「男主外,女主內」的概念開始消失;再者,學歷提升,也讓很多女性不願意再待在家裡當全職家庭主婦,於是就有愈來愈多女性進入勞動市場,促使 2000 年之後,台灣的勞動參與率進入高原期。

2010 年之後，台灣的電商（1990 年代稱為網商）快速崛起。因為智慧型手機大量普及，線上交易就從純電腦的網路交易變成連行動裝置都可以直接交易，促成人人都能創業當老闆，因此包括家庭主婦在內，也開始自行創業，變成電商的團媽、團購主。而賣東西一定要開發票，如此就要成立公司，這也促成台灣的企業家數迅速增加，從 2010 年的 128 萬家突然暴增到 2020 年的 156 萬家，多了 28 萬家企業，代表小微企業特別多。

首先是本來可以進入勞動市場的工作者開始自行創業，接著是本來被歸為失業率的宅男宅女也突然有了工作，於是不願意再進入正統的勞動市場，所以台灣的勞動市場就出現供給低於需求的現象，這也是台灣現階段很多企業的最大煩惱－找不到人。

台灣現階段勞動市場的勞動力看起來似乎是充沛的，但是因為自雇工作者、小微企業創業者大量增加，再加上很多勞動力本來應該進入勞動市場，卻因家庭富裕，會在就學期間遊學，大約一兩年後才會回到台灣，因此台灣的勞動市場就出現空窗期。這就是台灣勞動市場的大逆轉。

而台灣勞動市場的轉變，從 1970 年代以嬰兒潮世代為主力，到 1990 年代以第二世代為主力，再到 2010 年代以第三世代為主力，2010 年代之後就進入斜槓世代。斜槓世代是一個人可能會有 2 份以上工作，這代表自由工作者（Freelancer）的時代來臨。自由工作者就是一個個體戶，他用他的專業來為好幾家公司工作，但他並不附屬於任何一家公司。

以就業統計來看，他是失業，但是實際上他只是沒有依附在任何一家公司，因此會稱為斜槓世代。有些斜槓世代還會自己去登記公司，變成創業族。這也是台灣企業家數會突然暴增到 156 萬家的最主要原因－因為斜槓世代開始創業。

» 現在

新世代不喜歡被雇用，找嘸人做

一、自主價值觀成主流
二、科技改變勞動意識
三、創新創業風氣興起
四、人生目標追求改變

1990 年以後出生的新世代，和以前的世代最大的差別就在於他們不喜歡被雇用，所以台灣企業才會面臨勞動力短缺的問題。

其實，深究其因，最主要就是科技進步，改變了勞動市場裡勞動者的勞動意識。因為科技的進步，讓他們取得知識的速度非常快，取得的資訊非常廣泛，且即時就可以取得最新訊息。他們不再像第一世代與第二世代一樣，資訊那麼封閉。第一世代與第二世代會有忠誠、很乖、很聽話的特質，也是因為資訊不足。

但是 2000 年之後智慧型手機當道，科技改變所有一切，尤其是改變了勞動意識，以親子關係來說，就是為人子女會

槓上他的家長，進入勞動市場之後，會槓上老闆和主管。這就是勞動意識的轉變，這都是拜科技之賜。

科技改變了勞動意識之後，勞動價值觀就跟著改變，因此新世代的認知中，不再是忠誠和服從，而是「我願意來你這裡工作，你就應該尊重我」。

如果你是老闆，不知道你會不會有這樣一個困擾：1990年以後出生的新世代，在工作崗位上，不像第一世代，可能終其一生都在這裡工作；也不像第二世代，可能平均會在這裡工作 5 年左右；他們大約一兩年就會想要轉換工作。因為科技太發達，取得資訊太容易，勞動意識不再只是被雇用，而是「我喜歡，我才願意來」，因此當不喜歡或學不到東西時，就會離開。

很多老闆與主管常常會問我：「為什麼現在的年輕人對公司這麼不忠誠？」其實我們不應該再用忠誠的概念來要求新世代，因為新世代取得資訊容易，再加上外面勞動市場的需求增加，誘因太多了，他的勞動意識已經改變，不再像以前一樣。

再者，智慧型手機出現，科技進步飛速，通訊速度不斷加快，讓新世代的資訊整合能力更強，加上自主意識抬頭，創新與創業風潮就產生。

　　換言之，第三世代進入勞動市場或被雇用的意願低，轉換工作的機會大，並不是因為他不需要工作，而是因為他不想在一個地方待太久，他覺得他有一些很棒的想法、創意，而且創業很容易。他會覺得創業很容易，有兩大原因：一是做電商，隨地都能創業；二是做自雇工作者，有機會變成專業工作者、斜槓工作者。

　　在這種情況下，創新與創業的風氣就興起，如此一來，企業的老闆與主管就很辛苦，因為當企業需要勞動力時，這些自主意識強、自我成就意識強的人就會輕易地離開勞動市場，但他離開勞動市場，並不是與社會脫節，而是變成個體戶、自由工作者，不再為一家企業所雇用。

　　因此，2010 年之後，台灣進入新的時代。整個台灣的年輕世代，對於自己的人生目標，開始有了不一樣的追求，所以為人家長、為人老闆、為人主管的我們，必須正視這些新世代對自己人生目標的追求，已與我們過去所經歷的經驗完

全不一樣。

　　過去的時代是家長、老闆、主管唯我獨尊，現在的時代是大學學歷普及，大大提升當代人的知識水準。相較於第一世代，大學以上學歷的占比不到 10%；第二世代，大學以上學歷的占比也不到 30%；但是到了第三世代，大學以上學歷的占比就超過 60%；如今，大學以上學歷的占比已超過 80%；在這樣知識水準提升的時代，再加上資訊取得容易，就促使每一個人的自主意識變得非常強烈。

　　因此，為人家長，為人老闆、為人主管的我們，不能再認為全世界只有我最厲害，我們的部屬其實說不定比我們還厲害，我們只不過贏在經驗多一點，但是我們需要歷經 30 年才能累積的經驗，他只要善用科技的力量，就能在 30 分鐘內從線上取得。

　　正如我在講課時，時常會看到，每當我講到一個新的概念或資訊時，底下學員都會不約而同地做出同樣的動作，就是馬上拿起手機查看。我知道他們不是不聽課，而是在印證我講的對不對。

1975 年我開始在大學講課時，當時的學生真的很乖，會聚精會神地聽課，現在的學生則不一樣，他們不是不會聚精會神地聽課，而是每當我講的名詞沒有多作解釋時，他們就會立刻拿起手機找答案，看看我講的是不是真的。從這個動作，我們就可以看出，新世代的年輕人為什麼不喜歡被雇用、為什麼不喜歡乖乖聽話，因為資訊取得太容易了。

» 未來
勝負在整合經營

一、分權管理的導用
二、整合經營的模式
三、專案外包與承攬
四、併購與策略聯盟的運用

當新世代不喜歡被雇用、不喜歡乖乖聽話、喜歡創新與創業、喜歡斜槓時,我們就會陷入找不到人的困擾,那麼我們如何在經營管理上開創企業的未來?

首先,我們當然都希望能把菁英留在企業,但要留住菁英,就必須捨棄過去家長式、唯我獨尊的威權管理模式,進入授權管理模式。授權管理模式指的就是組織功能出現,老闆交給主管承接、主管交給部屬承接。

若要留住新世代的菁英、新世代的專業工作者,就要進入分權管理模式。

分權管理模式自 2010 年之後就變成時代主流趨勢。讓 IBM 起死回生的事業部制就是分權管理模式。除了 IBM 的事業部制之外，彼得・杜拉克的責任中心制、稻盛和夫的阿米巴制、我的內部創業制也是分權管理模式。

　　分權管理模式是，企業的規模可以變得很大，但是老闆不用一個人管控上千上百個人，因為每一個組織都可以變成一個獨立個體，變成獨立個體之後，就要自負盈虧、自立自強。這時候，只要是有心想要成長成就的新世代年輕人，都會來參與，藉此自我實現。這就是分權管理的價值。

　　內部創業制則是 1986 年我在主持寶島眼鏡時建立的，它讓寶島眼鏡在眼鏡業的激烈競爭中，快速一躍變成台灣眼鏡連鎖的第一大。1992 年我被升任寶島集團總經理時，併購小林眼鏡，讓小林眼鏡快速一躍變成台灣眼鏡連鎖的第二大，也是因為導用了內部創業制。

　　接著，在我建立這個機制，開始倡導之後，台灣也有很多企業開始導用，尤其是連鎖產業。時至今日，這個機制已變成新世代的潮流。

若以分權管理來說，對於國際化的布局，分權管理也有加分效果。

例如我在主持大毅科技時，公司在中國設有 3 個廠、在馬來西亞設有 2 個廠、在印尼設有 1 個廠、在台灣設有 4 個廠，可想而知，員工人數都是上千上百人，但是我能在 3 年的執行長任期內，從未去過海外的任何一個廠，照樣把公司經營成全球第五大被動元件廠、台灣第三大被動元件廠，關鍵就在分權管理。

可見，我們必須清楚知道，現在與過去嬰兒潮世代創業的時代已經完全不一樣。現在若想再用家長式集權管理模式來掌控所有一切，就無法繼續擴大。現在若還什麼大小事都要靠老闆決定，公司就做不大，也留不住菁英。唯有分權管理，才能吸引菁英。

再者，忠誠、服從也不再是我們用人的關鍵。無論是老闆或主管，我們的任務都是在做整合，然後讓每一個專業工作者都能為我們所用。這就是經營管理的價值。

而整合的概念是我近 10 年來不斷大力提醒與倡導的。整合（Integration）的意思就是把很多資源、很多技能或很多人串聯起來，讓他們各司其職地實現我們要的共同目標。

　　整合包括科技整合與科際整合。科技整合是跨技術的整合，我們不一定是專業工作者，但可以把很多專業工作者整合起來，創造出我們所要的產品或服務項目。科際整合是跨功能的整合，亦即我們要把各種不同的功能整合起來，創造出企業經營的綜效（Synergy）。

　　我從 1970 年代開始就在大學教書，也在製造業（尤其是電子產業）待了很久，從 1978 年主持消費性電子產業，到 1989 年開始進入電腦產業，到現在都沒有離開過電子產業。

　　而從消費性電子產業到電腦產業，都是高科技產業，高科技產業必須學電子工程、電子技術、資訊工程等專業課程，可是我是法學、企管碩士，對專業技術一竅不通，很多人就很懷疑，為什麼我可以在 3 年任期內將一家電腦產業公司的年營業額從 60 億元做到 550 億元？

其實關鍵就在整合效益。無論是創業者或經營者或管理者，我們的價值都在整合，而不在專業。

過度專業就會垂直思考，垂直思考是專業工作者的特質與特長，但是經營者與管理者一定是水平思考，水平思考是行銷的專長，也是領導者該做的事。相較於垂直思考是用於專業技能，水平思考則是用於整合能力，也就是說，我們若要將很多專業技能的人整合在一起，就要做水平思考。

這也意味著在今後的勞動市場裡，我們必須能將專業工作者、專業技能擁有者或專業創意者，整合起來為我們所用，產生綜效，才有價值。

其實我們可以看到，社會上有很多成功的人都不是大學畢業，所以並不是非得念到大學畢業，才能成為成功的人，微軟創辦人比爾・蓋茲（Bill Gates）、蘋果創辦人賈伯斯都沒有大學學歷，可是他們都是影響全世界很深的人。

當然，在導用分權管理與整合經營之餘，我們也要注意到，2010 年代前後出生的第四世代，工作心態已與過去完全不一樣，比較傾向西方思想，一個月可能賺三四萬元，但一

年可以出國玩很多次，關鍵在懂得享受人生，賺多少就把它花掉。

這樣的觀點在台灣的第一世代與第二世代是比較看不到的，但是第三世代與第四世代就不一樣了。他們接觸西方思想，自主意識強，學有專長，也有喜好、創意，變成是獨立接案的自由工作者（Freelancer）。這就意味著企業在導用分權管理、整合經營之後，也要開始運用外部的專業工作者，因為專案外包與承攬的模式在台灣會愈來愈盛行。諸如我們想要買賣房子，不需要自己找物件、找客戶，只要交給房仲來做就好。

換言之，企業經營，不管產業屬性為何，在未來的時代，一定會用到很多專業工作者，但他不是被我們長期雇用，只是因為我們在經營上需要用到某些功能，而這些功能又不是常態性需求，這時就是交付外包來做。

其實，當企業發展到規模很大時，也不一定要自己設廠，只要手上有訂單、有客戶，客戶要的商品可以外包給代工廠做，不需要自己做。

正如我在 1980 年代主持一家電腦產業公司時，當時做電腦周邊產品，我讓公司營業額做出 139 倍的成長，靠的就不是讓公司擴廠，自己做，而是在外面找 16 個外包廠，交給外包廠做。

這也意味著我只做我的核心，我只做我的主要客戶，多出來的客戶不一定是穩定的，就外包出去，所以對我來說，我不需要做很大的投資，就能獲得翻倍成長的營業額。

這 10 多年來，我也一直提醒台灣企業與個人，就個人來說，要養成國際化人格，就企業來說，要做國際布局。

因為台灣是海島型國家，人口不多，將來還會遞減。當人口遞減時，企業要發展，就會被勞動力短缺的問題困住。如何脫困？只有轉向海外拓展，如此，就有必要做國際布局。

再說，台灣的國際貿易早在 400 年前就出現，一路走來，曾歷經荷蘭想要擁有台灣，西班牙想要占領台灣，英國想要在台灣分一杯羹。若以現在的觀點看，那就是國際布局。

而國際貿易的交換現象其實是源自於 1776 年經濟學之父亞當‧史密斯（Adam Smith）出版的《國富論》。他告訴我們要國際分工、創造利潤，這樣的思想就改變全世界，促使英國積極拓展海外根據地，並成立東印度公司來主導國際貿易。

　　2020 年之後，疫情在全世界肆虐，為了防疫，全世界開始鎖國與封城，此舉就促成「去全球化」變成新潮流，「全球化」的國際貿易日益式微。

　　當然，「去全球化」的現象並非 2020 年之後才有，早在 2000 年就出現。因為企業要發展，要在全世界各地做生意，就要在海外設立根據地，所以海外設廠、海外成立分公司的概念就出現，2020 年的疫情只是加速這個現象的發生。

　　再者，「去全球化」其實也是因應區域經濟時代的來臨。區域經濟是目前全世界的趨勢，在每個地區都有經濟聯盟的組織，好處是在區域內可以快速交易，當然，如此就導致製造業不可能再像過去一樣做國際分工，必須將工廠分布在各個地區，就近供貨。

若是做國際布局時，礙於勞動力短缺，無法快速培養人才，我會建議企業做策略聯盟來互補。若是資金充裕，就進行併購。因為透過策略聯盟與併購，最容易讓企業快速做大，變成集團經營的模式。

　　綜言之，為了因應區域經濟共同體的出現及企業發展的需求，我們必須做國際布局，再以策略聯盟或併購的方式來擁有菁英，並以分權管理的方式來留住菁英。

　　若以勞動市場與企業經營之間的關係來看，員工也不一定要大量雇用，可以分權的方式雇用，最重要的是要會運用菁英來讓我們的企業規模更加擴大，企業發展更加穩健。

　　當我們願意相信新世代，願意分權讓他有獨當一面的機會，他就會把當責的效益價值貢獻出來。當他把當責的效益價值貢獻出來，企業在經營上才有福氣。

　　若以勞動力的發展來看，我們可以把純粹的雇用變成合夥，或是分權管理的導用。因為這是斜槓人生的實現，也是目前全世界的潮流。跟上潮流，才容易擁有菁英，開創未來。

陳教授的課後習題

找出關鍵痛點 · 問題迎刃而解

斜槓│終結傳統雇用模式

❶ 「斜槓」會成主流嗎？

A：當 90 後的新世代進入社會，加上 EC（Electronic Commerce）的創業潮風氣，就給了斜槓觀念機會，未來專業與想多賺錢是「斜槓」的催化劑。

❷ 2020 年的疫情給了「斜槓」環境？

A：因為 2020 年疫情的鎖國與封城，開始改變企業與上班族的工作模式，在家工作的雲端成為應變的方式，自主工作模式興起，經營方式中的專業外包也漸成風氣，這就給了「斜槓」出現的環境。

針對大家關心的問題持續追蹤，並不定期的回覆與互動討論，歡迎讀者踴躍上線留言。

Chapter 1-7

接班
才能永續經營

» 過去

我創業，我最大

一、1990 年代以前的創業世代

二、小微模式創業容易

三、需求當道時代引發創業潮

　　台灣企業現階段面對到一個情況，就是接班的問題。我經常提醒，企業經營，絕對要盡社會責任，而盡社會責任，應該怎麼做？就是永續經營，不能打帶跑；不是只要賺到錢就好，還要照顧到股東、員工、供應鏈與通路鏈，及社會大眾。

　　換言之，永續經營，對企業來說，是一個很重要的課題，但是台灣企業現在面對到的是，很多嬰兒潮世代的創業者現在都已經 60、70 歲，他的下一代也已經 40、50 歲，準備要接班，有趣的是，有不少案例是，企業的集團出現了父子鬥爭，兒子想要把父親鬥下來，因為父親 70 幾歲了，還在掌控集團。我也遇到不少這樣的狀況，我都會勸他們要交棒，不要再想著如何掌控集團。

我本人也在 2010 年時，將聯聖企管交棒給我兒子，我兒子現在交棒給他太太。公司交棒出去，還是一樣有價值，我也還是可以繼續當很多公司的顧問，公司的經營就不需要我費神，這就是接班與交棒的概念。

　　所以身為創業者，既然創立了一個事業，就必須有永續經營是盡社會責任的認知。

　　過去的觀念都是我創業，我最厲害。確實嬰兒潮世代的創業者都是辛苦打拚上來，讓一家微不足道的小微企業變成事業有成的大企業。我們不可否認他們的重要性，但是小微企業因為組織規模小，一個創業者要養活 20、30 人，坦白說是很容易的，若要養活 2、3 萬人，就難了。

　　很多人也常常會拿自己公司規模小來自我設限。其實我們不需要拿大公司來相比，畢竟絕大多數事業有成的企業都不是與生俱來的，而是從小微企業慢慢成長上來的，因此我們要去觀摩和學習這些事業有成的企業如何從小變大的歷程。

　　企業能從小變大，一定都是創業者用心經營的結果，但是創業者在創造財富之後，若是遲遲不願意交棒，就會導致

企業由盛轉衰，最終消失。

尤其是 1990 年以後出生的世代，在現在的大環境創業，是非常容易的。現在很多新創產業、電商產業、專業個體戶猶如雨後春筍般冒出，就是例證。即便嬰兒潮世代的創業者現在多半都已將公司經營成大型企業，但是若給現在創業的這一群人 20、30 年時間，他們也可能能將他們的公司經營成大型企業。

換言之，每一個世代都有創業的機會，每一個世代都有變成老闆的機會，而這些創業的人基本上都有 3 個共同特質：一是想要多賺錢；二是對人生目標的追求，擁有非常強烈的企圖心；三是懂得運用資源，達成目標。

這 3 個特質非常重要，是創業者必備的。大多數上班族都是滿足現況，對人生目標的追求，沒有什麼企圖心，但是創業者不能滿足現況，對人生目標的追求，必須有非常強烈的企圖心。這與一般上班族不同，這也是現在的新創產業創業者都會有的特質。

換言之，創業不是老世代的專利，但是很多老闆都還認為自己最厲害。確實他用實際的執行力印證了自己很厲害，但是與此同時也讓他們產生無法交棒的瓶頸與障礙。

很多老闆到了 70、80 歲了，還在掌權，關鍵就在他太厲害了，什麼都要他決定，這是家長式集權管理的優點，也是家長式集權管理的缺點。家長式集權管理下，容易變成沒有接班人。

» 現在
交不了棒，接不了棒

一、1990 年後面臨接班時代

二、新創業世代出現

三、經營理念的差異

四、科技改變經營模式的衝突

過去談到接班，我們多半都會想要交給下一代接班，但是現在應該轉念。接班可以有 2 種型態：一是交給自己的親屬接班，二是交給有能力的人接班。因此，對於接班，我們不能再狹隘地思考如何讓我們的子女接班，應該放開心胸地思考我們有沒有培養繼起的經營者。

交棒、接班的正確概念應該是交給真正能夠勝任的菁英。

2010 年之後，台灣企業出現所謂青黃不接的狀態，主要是因為嬰兒潮世代的創業者應該要交棒，卻出現斷層，沒人可以接班。

確實有不少嬰兒潮世代的創業者現在的身體還很健康，不想交棒，但是不怕一萬，只怕萬一，萬一一時過度勞累，突然往生，這下子企業就出狀況，本來用心建立的王國可能一夜之間就崩盤。這是大家不願意看到的。

台灣自 2000 年之後就面臨到接班的困境，無論是交不了棒或接不了棒，都是因為上位者大權一把抓，沒有想要交棒，或是上位者想要交棒，但是下位者沒有一個人可以接棒。而下位者沒有一個人可以接棒，都是因為下位者在上位者的強勢領導下，因為過度服從，沒有機會接受歷練，所以接不了棒。

面對這樣的窘境，該怎麼應對？

其實新世代的年輕人是有能力接棒的。如果站在企業經營的角度看，這些優質人力，我們不用，他們就會離開，他們在我們公司工作學到的東西，我們若不給他機會學以致用，他離開之後，也會去做一樣的東西，如此一來，他就變成我們的競爭對手。

但是我們為什麼讓他變成我們的競爭對手？我們應該把他變成企業集團體系裡的一分子，運用分權管理和內部創業制，讓他可以在集團裡獨立自主，同時，我們的角色就變成整合者，形成集團經營。

集團經營是台灣企業必學的經營模式，集團經營不是大權一把抓，而是把每一個事業體都交給有能力的人來主導，上位者再把它們整合起來。

過去的人比較少有這樣的概念，現在的新世代年輕人自主意識強，想要驗證自己的能力，想要有自己的一片天，我們若還用著過去的傳統模式來找新世代年輕人與我們共事，就不適合。應該懂得將有共同理念的人集合在一起，成為我們集團經營的團隊，有共同的經營理念，這才是集團經營的關鍵。

換言之，我們要會招攬菁英人才。當我們把菁英人才招攬過來，公司就擁有菁英人才，但是公司擁有菁英人才之後，我們還要導用授權管理或分權管理模式，若是還守在集權管理模式，菁英人才就不會為我們所用，反之，還會成為我們

的競爭對手。

我們會遇到交不了棒又接不了棒的問題，主要都是因為我們只會用一群庸才，庸才就是乖乖牌，只會聽命行事，當然就接不了棒。要接得了棒，就要將菁英人才納入我們的團隊，並給他們舞台，讓他們有所發揮，我們才能受益於他們的發揮，擴大事業的經營。

正如我在 1992 年創立的聯聖企管，現在已經跨過 20 年，即將邁入 30 年。在我交棒給我兒子之前，共歷經 2 任總經理，每一任都做 10 年。因為我很清楚知道這些我培養上來當總經理的人，將來在我兒子接任時，他們不一定能整合在一起，因此我就成立新公司，將新公司送給他們，讓他們獨立創業。

現在市場上有 2 家管顧公司和我們一樣做相同的工作，但是性質沒有衝突，他們有他們的專業和客群，以及不同的服務項目。聯聖旗下也有好幾家公司，這就是集團經營模式。這也印證了企業經營要交得了棒，就要培養菁英來接棒。

» 未來
勝負在接班團隊

一、運用創新模式接班

二、重視接班者的培養

三、專業接班模式興起

四、集團經營提升接班效益

未來要如何培養優質的接班團隊？分享幾點我實證有效的方法供參考。

第一是運用創新模式來接班，意思是企業不能一直守在某一個行業。當然，集中在一個行業，可能可以把它做得很大，確實沒錯，但是對現階段的台灣或全世界來說，並沒有多少成功案例是只做一個行業的，多半都是做多元化經營。

多元化經營就是從我們的本業出發，漸漸地用同心圓理論發展出與我們本業相關的周邊行業，再跨業到與我們本業無關的異業作結合，最後就變成集團經營的運作。

同心圓理論

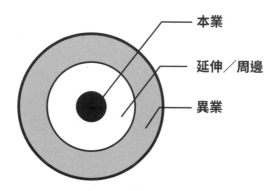

本業

延伸／周邊

異業

　　創新模式是建立在分權管理模式上。運用分權管理模式，就可以創造新事業，讓有心創業的人來接班。他還是在我們的集團架構下，只是我們給他機會，讓他變成主導我們新事業的經營者，在整個集團的整合下，大家還是一家人，只是各過各的生活。

　　正如統一集團是從食品製造業起家，發展至今，除了食品製造業之外，還跨足零售流通業、物流業，現在它的子公司統一超商的規模與營業額已大過它的母公司。

　　遠東集團也是一樣，從紡織業起家，發展至今，除了紡織業之外，還跨足百貨業、金融業等新創產業，這就是接班。

企業職涯發展體系

層級	OST	OJT	DT	TT
高階主管	部門內專業訓練	層次訓練 (100 小時／年)	↗ 儲備經營者訓練	內部師資訓練
中階主管		層次訓練 (100 小時／年)	↗ 儲備主管訓練	
基層主管		層次訓練 (100 小時／年)	↗ 儲備幹部訓練	
基層人員		層次訓練 (60 小時／年)	↗	
新進人員	職前教育 (1~3 天上完，考試通過，簽勞動契約)			

因為創業者把新創產業交給專業的人負責，他就可以把各種不同專業的菁英整合在一起，各司其職。這就是運用創新模式來培養接班。

第二是創業者或經營者在發展企業的過程上，一定要重視接班者的養成。如何養成？我在 1986 年建構的職涯發展體系，可以幫企業有系統地培養優質的接班團隊。

除了職涯發展體系之外，聯聖也在做這樣的服務，幫很多企業做基層主管的認證、中階主管的認證，以及高階主管或經營者的實作培訓。

身為經營決策者，一定要有遠見來打造、培養我們的接班團隊。當然，接班不是說我有興趣，我就可以接班，必須檢視能力能不能勝任。要勝任，就要透過完整的培訓來打造。

台灣有不少大財團，諸如中信集團、新光集團，他們都把他們的下一代往海外送，到日本、美國留學，因此他們的下一代都見識過日本封閉式產銷分立的經營模式，也見識過美國的整合經營模式，因此回到台灣來接班時，能快速擴大集團規模，不斷地從各種行業發展出去。

我的 2 個小孩都在美國長大，我也要求他們 30 歲以後一定要回台灣，為台灣做事。當時我就跟他們說：「送你們到美國，是因為將來美式英語絕對是全世界重要的語言，同時也是打造你們，讓你們擁有接觸國外的成長歷練。我希望你們都能念雙碩士，一個碩士是自己喜歡的研究，另一個碩士是企管碩士，因為企管可以訓練邏輯思考，對將來出社會，不管做什麼工作，都很有幫助。」

在我這樣的引導下，我的 2 個小孩都做到了。現在他們都回到台灣，發展得比他們的同儕好。其實台灣很多企業家都有這樣一個打造接班團隊的過程。如果你是創業者，就應該重視接班，培養接班團隊。

重視接班、培養接班團隊是經營者的重要職責，不管主導的公司規模是大或小，我都認為，最合理的交棒時機應該是在 70 歲以前，無論我們要培養的接班人是我們的親屬或我們團隊裡的菁英，我們都應該打造他們，讓他們夠 Qualify 來接班。

　　換言之，接班不是讓他自然形成，一定要經過一段刻意的培養和打造，他才能勝任。

　　第三是專業接班模式在台灣已經變成常態。過去的接班都是交給下一代，現在台灣已經漸漸走上美式的傳賢不傳子，會交給專業的接班人。

　　正如我最近 50 年來一直在做的事情─我在擔任專業總經理與專業執行長的職涯發展過程上，協助過很多創業的老闆，主要做的都離不開以下 3 件事情：

第一件事情是將事業做得更大，更賺錢。
第二件事情是讓公司變成集團經營模式，擴大市場的占有率和接觸率。

第三件事情是幫公司建立制度與培養接班團隊。

我至今擔任過 71 家公司的專業總經理或執行長，永遠都是在做這 3 件事情，讓公司的業績與獲利倍數成長，讓公司的市場擴大，並為公司培養接班團隊，讓公司有專業的接班者。

很多人會問我：「活到現在，75 歲了，對社會到底做了什麼貢獻？」其實我認為，我的貢獻不是幫企業多賺錢，而是為台灣社會打造了 105 個專業總經理。

專業總經理、專業接班人是未來台灣企業的趨勢，台灣企業過去的接班模式都是傳子不傳賢，可是進入 21 世紀之後，傳賢才能永續經營。

以蘋果（Apple）為例，公司是賈伯斯（Steve Jobs）創辦的，現在是由庫克（Tim Cook）接班，相信沒有人知道賈伯斯的兒子在哪裡。這就是新世代的經營模式。

為什麼專業接班模式會興起？正如俗語所說的：「富不

過三代，興旺不過三百。」

意思是第一代創業，把公司做大；第二代看到第一代辛苦創業，還不敢胡作非為、享受一切，會慢慢跟在旁邊學，最後接班；第三代在上一代提供的優渥環境中長大，養尊處優、唯我獨尊慣了，就開始揮霍，所以一個好好的事業常常是做到第三代就垮了。

鄭成功的東寧王國就是一例。鄭成功在 1662 年 2 月打敗荷蘭人，拿下台灣南部，建立東寧王國，但是同年 6 月就猝死，改由他的長子鄭經接班，但是鄭經也沒有活多久，在位只有 19 年，38 歲就往生，改由他的次子鄭克塽接班，但是鄭克塽在位沒多久，1683 年就被施琅帶著清朝水師給滅了。鄭氏三代經營的東寧王國只有短短 22 年，到第三代就終結，沒有打破「富不過三代」這句俗語的束縛。

這讓愈來愈多創業者發現到，家屬不一定是菁英，能夠接班，所以不少創業者就把家屬變成純股東，讓菁英來接班經營，結果公司的經營成效反而變得更好。這也是我在我的整個職涯發展過程上一直在做的事情。

當我們願意打造、培養接班團隊，接班團隊養成之後，團隊中就會有很多菁英，公司就會形成菁英的群體，接著再導入分權管理模式，讓他們能為自己與公司的共同事業打拚，這就成為公司集團化經營的開始。

　　這也可見，台灣企業未來的發展模式中，集團化經營絕對是一個趨勢。只有集團化經營，才能讓事業有成的企業在擴大事業版圖的過程上，除了優質的親屬能有一片天之外，外來的菁英在我們的團隊中也能擁有一片天。

　　換言之，集團化經營是讓我們快速實現我們的事業發展、進而達到永續經營的最有效方法。它讓我們用心培養上來的儲備菁英都能各有一片天，不會離我們而去，變成我們的競爭對手，因此我們要善用

陳教授的課後習題

找 出 關 鍵 痛 點 · 問 題 迎 刃 而 解

接班 | 才能永續經營

❶ 「接班」有如此重要嗎？

A：在 2000 年以前的台灣不會受重視，因為 1960、1970、
1980 年代創業的人都尚處中壯年，而且也正當台灣產業
經濟興旺期，所以不顯其必要，但是自 2000 年以後，其
二代已學成歷練告一階段，加上科技改變一切，經營模
式也有了新趨勢，「接班」與「專業經理人」便成為重
要話題與潮流。

❷ 「接班」既然成為必然，那又該注意什麼？

A：一、新世代的接班趨勢
　　1. 第一代創業家已年高
　　2. 新世代創業潮的產生
　　3. 管理階層的接班
　　4. 國際化與集團化布局的需要

　　二、新世代接班的瓶頸
　　1. 創業者的不放心
　　2. 有待加強的歷練
　　3. 時代環境的差異
　　4. 管理風格的不同
　　5. 拓荒挑戰的欠缺

陳教授的課後習題

找 出 關 鍵 痛 點　·　問 題 迎 刃 而 解

三、新世代接班現象分析

1. 由基層歷練勝任

2. 直接空降跟班學習

3. 自行創業發展

4. 在外歷練轉任接班

5. 成為專業經營者

四、新世代接班問題面面觀

1. 否定舊有體制

2. 經驗歷練不足

3. 期望快速有成

4. 新舊世代觀念與價值觀差異

5. 專業學識差異衝突

五、新世代接班調適重點

1. 尊重經驗與技能

2. 導用新經營管理模式

3. 強調績效經營管理

4. 進行人力素質提升

5. 有效整合新舊優質團隊

針對大家關心的問題持續追蹤，並不定期的回覆與互動討論，歡迎讀者踴躍上線留言。

管理的變與不變

經營 ≠ 管理。經營偏重在將「無」發展成
「有」，管理偏重在管控「有」的異常，減少耗損。
　　本篇以管理的角度出發，針對台灣企業最應
落實到位的 7 個關鍵功能，娓娓道來它們的過去、
現在與未來趨勢變化，供鑑往知來，再提出實證
有效的轉變與轉型對策，供參考與實作。

Chapter 2-1 行銷業務 從 B2B、B2C 到 C2B

Chapter 2-2 人資 從管控到發展

Chapter 2-3 產銷 從台灣外銷全世界到短鏈革命

Chapter 2-4 財會 從量入為出到量出為入

Chapter 2-5 研發商開 從模仿、專精到創新、複合

Chapter 2-6 資訊 從面對面互動到雲端即時化

Chapter 2-7 經營管理 謀定後動的策略地圖

行銷業務

從 B2B、B2C 到 C2B

一、行銷管理的發展過程

二、B2B 的時代

三、B2C 的時代

四、C2C 的時代

五、C2B 的時代

整個行銷趨勢，首先要從行銷管理的發展過程來談起。早期的行銷並不稱為行銷，而是稱為我們現在所熟悉的用詞─推銷，在學理上是稱為銷售管理或營運管理，講白一點就是推銷。

而台灣在 1990 年以前都是推銷的時代，因為當時市場的需求殷切，只要做出產品，就能往市場賣，因此當時的台灣企業大多數都會養一個龐大的業務團隊去從事銷售的工作。

可是漸漸地，自 1990 年之後，台灣經濟開始快速發展上來，這樣的運作模式就不再是萬靈丹。

因為經歷了 1970 年至 1990 年的經濟奇蹟之後，社會開始富裕了；換言之，若以人均 GDP 1 萬美元作為分水嶺，台灣在 1992 年突破 1 萬美元，就產生了一個大轉變。

　　因為投入生產的人愈來愈多，市場就變成供給過多，競品就愈來愈多，若還是以推銷的方式銷售產品，經營就會很辛苦，因此行銷管理就應運而生，企業開始重視電視廣告、DM 廣告、招牌廣告等行銷的手段和方法，促使行銷管理開始蓬勃發展。

　　1990 年之後，網路開始興起，傳統的行銷手法就轉變成電子商務的方式，促使網商興起。進入 2000 年之後，手機從功能型手機轉變成智慧型手機，科技又更加進步，行銷管理就進入數位行銷的時代。

　　過去電腦還不是很方便，手機還只是功能型手機時，企業還要仰賴電視廣告或各種戶外看板，但是 2000 年開始，電腦發展出方便攜帶的筆記型電腦，手機更發展出多元應用功能的智慧型手機，人們可以方便透過手持裝置來掌握更多訊息，行銷就從 2D 的廣告時代進入 3D 的廣告時代。

從早期第一階段的推銷，街邊店形式，到第二階段的培養龐大業務團隊來做推廣，及連鎖店出現，再到第三階段的數位行銷來臨，我的觀察是現在台灣的行銷管理已進入第四階段的 Omni-Channel（多元通路）時代。

現在台灣消費者的消費心理已不再是逛街邊店，一家一家逛，一家一家買，而是出現 One Stop Shopping（一次購足）的趨勢。這改變了整個通路生態。

以線上的電商通路來看，一定是一個大平台，諸如 momo、PChome、蝦皮、雅虎、創業家兄弟，就都是大型電商平台。若以線下的實體通路來看，就是商城、百貨公司、大賣場、量販店、Outlet Mall。

換言之，在台灣，行銷管理的發展已進入線上線下整合的時代，線上是電商平台，線下是商城、大賣場。這已是一個趨勢，漸漸符合消費者想要 One Stop Shopping 的消費趨勢。

因此，我輔導企業時，都會提醒純做專業的街邊店，要小心會日益沒落，應該趕快轉變成複合店，因為消費者愈來愈喜歡到一個一次就能滿足所有需求的地方逛街購物，而只

有複合店才有可能吸引消費者，滿足消費者。

一個實例是，美國最大電商平台亞馬遜（Amazon）在線下開了書店、無人商店、無人超市之後，也要開類似百貨公司的大型零售店，這其實就是 One Stop Shopping 的概念。

亞馬遜已經算是線上最大的平台了，但是它意識到消費者的消費心理其實未必喜歡關在家裡上網購物，還是會想要出門逛街購物，而它在線下若是只開專賣店，消費者不會有興趣，因此才開百貨公司。

可見，行銷管理的發展已從過去的純推銷，走到今天的線上線下整合，而線下將以複合店、大賣場為主力。

若從行銷學的角度看，台灣在 1980 年以前是 B2B（Business to Business）的時代。B2B 就是企業對企業。一般企業都是純製造或純買賣，兩者是分開的。純製造的企業將做出來的產品交給純買賣的企業來販售，因此 B2B 是製造商透過通路商來完成銷售的行為。

換言之，1980 年以前的製造業只會想要做好自己專精的產品，不會想要養龐大的團隊，靠自己的團隊直接把自己的產品賣到市場上，因此當市場有需求時，會習慣找經銷商來配銷配送。

再說，當時的台灣沒有大賣場、大型百貨公司，只有很多街邊店、雜貨店，這些街邊店、雜貨店也不會自己去找工廠進貨，都會透過中間商配貨。因此，在當時市場情資、資訊、物流不發達且溝通方式不多元的年代，B2B 絕對是王道。

到了 1980 年之後，台灣進入 B2C（Business to Consumer）的時代。B2C 就是企業對末端需求者，也就是直接將產品賣給消費者。

我們可以看到便利商店在台灣出現，很多連鎖型態在台灣出現，包括速食連鎖的麥當勞在 1984 年進來台灣展店，量販連鎖的萬客隆在 1989 年進來台灣展店。

我過去主持的寶島眼鏡，過去是屬於獨立經營的街邊店型態，1980 年之後就轉變成連鎖模式，在我手上快速展店到

190 家，並且除了眼鏡市場之外，鐘錶市場也拓展出去。

而很多連鎖產業的出現與蓬勃發展，就開啟了 B2B 轉變成 B2C 的時代。

連鎖產業的蓬勃發展，以百貨公司為例，1980 年以前想在台灣看到大型百貨公司很難，除了台北的菊元百貨（後易主為南洋百貨、洋洋百貨）與台南的林百貨之外，其他都是小型百貨。

但是 1980 年之後，台灣的大型百貨公司就猶如雨後春筍般冒出，它們的出現就意味著擁有品牌的商品要直接到末端市場與需求者接觸。這就是 B2C 的經營模式（Business Model）。

B2C 的經營模式會透過各種行銷媒體，讓消費者到銷售點進行消費。這開啟了一個重要的買賣習慣，就是當我是賣方，我不一定要透過中間商，才能將我的商品交到需求者手上，我可以直接交到需求者手上。這樣的轉變在電腦開始普及之後最明顯。

1990 年之後，全世界開啟 C2C（Consumer to Consumer）的時代。C2C 就是個體戶對末端需求者，也就是網商、直播主、網紅、微商（源自中國借助微信（WeChat）賣貨的人）等個人賣家，只要有商品、創意，就直接到市場上與需求者互動。

這種 C2C 的經營模式創造了大量的小型創業機會。到了 2000 年，智慧型手機的出現更是推波助瀾，讓 C2C 的經營模式變成市場的主流。

時至今日，C2C 的經營模式還是很盛行，還在影響市場行銷的操作，只是過去我們稱的直播主、網紅，現在有了不一樣的名稱，叫作 KOL、KOC 或團媽、團購主。KOL（Key Opinion Leader）就是關鍵意見領袖，KOC（Key Opinion Consumer）則是關鍵意見消費者，俗稱團媽。

從這樣的演進過程中，我們可以體會到市場競爭愈來愈激烈，過去是企業對企業的競爭，現在連市場消費者也進來分一杯羹，只要能知道市場需求是什麼，任何人都能當賣家賣貨，甚至自創品牌。

這也可見，OBM（Original Brand Manufacturer）的概念早在 B2C 和 C2C 的時代就已普及，並且隨著市場商品過度充斥、供過於求，讓市場需求者有了更多元的選擇，市場競爭就進入白熱化，大家都在玩價格戰，企業經營已不再像以前那樣那麼容易。

進入 2015 年之後，就開啟 C2B（Consumer to Business）的時代。C2B 的 C 就是末端消費者、末端需求者，C2B 就是站在商品提供者的立場上，我們要先了解我們的目標市場、主客群要什麼，再準備他們要的商品。

C2B 時代的到來，主要是因為電腦與手機購物的日益普及，讓大家開始體會到，不該再用龐大的業務團隊做推廣，也不該再讓中間商有從中剝削的機會，應該縮短通路，跳過中間商的通路，直接看末端市場要什麼，再將他要的商品賣給他，這樣既讓我們獲利好，也讓末端市場對取得的價格感到滿意。

這種 C2B 的逆商業模式正是企業經營者要學習與了解的，不能再一味地強推強銷，應該理清楚我們到底要做什麼

樣的市場、這個市場的需求是什麼、我們如何準備對的商品
來提供給這個市場。

這是一個重大的轉變。因為 B2B 是不管末端市場如何，
身為產品提供者的我，只要把我的產品交給經銷商，經銷商
就會用他的通路管道幫我賣出去。

這是非常危險的運作模式，會變成啤酒遊戲中最後倒閉
的啤酒廠。這是彼得‧聖吉（Peter M. Senge）在《第五項修練》
中提到的，因為啤酒廠沒有與末端市場接觸，不清楚末端市
場的需求變化，末端市場改變消費習慣了，他也不知道，中
間商也不會告訴他，因此最後倒閉的是他，而非中間商。中
間商都還活著，是因為不賣他的產品，還可以賣別人的產品。

接著進入 B2C 的時代，B2C 還是在強推強銷，因為市場
還是需求大過供給，但是到了 1990 年之後，所得提升，消費
者的購買意願與態度就不一樣了，因此就轉變到 C2C 的時代。

到了現在，科技進步快速，就讓所有玩行銷與懂行銷
的人開始意識到，不能只是強推強銷，因為當庫存過多，

獲利就不會高，反而會造成經營壓力，於是就開始思考如何找到應該要經營的小眾市場，如何經營小眾市場的目標客群（Target Audience；TA），如何與小眾市場的目標客群進行溝通互動，藉此了解他們到底要什麼，以及如何對他們提供更好的服務。這種經營模式就稱為 C2B。

這也意味著企業要在市場上勝出，就要存貨愈低愈好，獲利愈高愈好。換言之，企業不能再賣大量且低利潤的商品，要賣市場上要的商品，且要鎖定自己要經營的目標市場或客群來賣。雖然鎖定自己要經營的目標市場或客群來賣，分母（營業額）不會很大，但是因為商品有做出差異化，再結合自有品牌的經營模式來創造商品價值，因此商品毛利率會拉高。

若將 C2B 複製在各行各業，就是同心圓理論的應用。同心圓理論要如何應用？首先要重視顧客的滿意度，了解顧客的需求度，如此才能透過顧客的滿意度與需求度來創造、提供對的商品給目標客群，也才能進一步思考目標客群可能還有什麼需要，是過去我們沒有提供的，現在可以提供來服務他，如此就變成第二個圓的延伸性或周邊性商品。

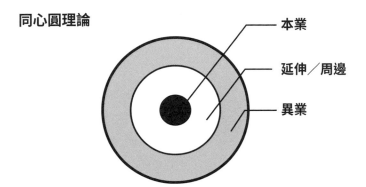

同心圓理論

本業

延伸／周邊

異業

接著要從第二個圓往第三個圓發展，就是繼續站在服務顧客、滿足顧客、讓顧客滿意的立場，思考顧客可能還有什麼需要，是非我專業或主力銷售的商品，現在我可以提供來服務他，如此就變成第三個圓的異業商品。

換言之，同心圓理論的應用是要將我們本業的產品，結合與我們本業相關的延伸性或周邊性商品，再結合與我們本業無關的異業商品，來全方位服務客戶。如此一來，業績就比較容易翻數倍，甚至翻數十倍、數百倍。

因為我們不再只賣過去我們所熟悉的本業商品，還提供我們本業商品的延伸性、周邊性商品，更提供顧客需要、但

對我們來說是異業的跨業商品，這對企業的經營來說，不僅營業額會擴大，利潤也會跟著擴大。

諸如我過去實際操作過的，賣皮鞋的業者也可以賣年菜，或賣生鮮的冷凍食品。這與過去大家所熟悉的操作模式完全不一樣，顛覆了過去的舊思維。

其實主要是因為過去我們沒有站在顧客的立場，為顧客著想，面對顧客只會強推強銷，但是現在已經不一樣了，現在是 C2B 的時代，C2B 就告訴我們，必須站在顧客的立場，回過頭來思考，我們應該提供什麼商品給他，他才會滿意，進而幫我們帶來口碑行銷的效益。

》對策
行銷管理十大步驟

一、市場調查的重要

二、進行市場區隔

三、選定目標市場

四、確認市場定位

五、進行產品規劃

六、進行產品發展

七、落實產銷管理

八、發揮市場管理

九、進行促銷規劃

十、落實銷售管理

行銷怎麼做才有效？可以參考我提供的行銷管理十大步驟。

我之所以整理這行銷管理十大步驟，主要是因為我除了在大學教行銷管理課程之外，一直沒有離開企業界。我能讓我主持的公司在短短 3 年時間內業績翻百倍，其實就是我把

行銷管理學上的重要概念整理歸納出來，讓企業在經營上面對市場時，可以依照這十大步驟來進行與檢視。只要每一個步驟都能好好落實，公司在市場上的推廣效果就會很好。

而行銷管理十大步驟的第一個步驟就是任何企業，不論規模大小、行業屬性，都要執行市場調查。

市場調查（又稱市場研究、市場調研）是非常重要的，可惜我發現台灣企業對於市場調查相當不重視，可能有想到要做，但是總覺得這要花很多錢，也力有未逮，不知道做了會有什麼好處，於是就擱置不做。其實市場調查很重要的原因就在告訴我們要去了解，企業想要進入市場，一定要注意到 5 個重點：

第一是市場規模有多大。
第二是市場的主要消費者是誰。
第三是市場消費者的層次區分。
第四是市場的競爭者有多少。
第五是市場的主要競爭者與我們之間的差異比較。

這是市場調查的基本重點，不論公司規模大小，不論公司是製造業、買賣業、零售流通業或服務業，都要重視市場調查。重視市場調查，才能快速進入市場，並產生很大的立即效益。

而市場調查要怎麼做？我將之分成內部市場調查與外部市場調查。內部市場調查指的是我們要做公司的人力、物力、財力分析，以及銷售排行榜分析。

銷售排行榜分析可分成產品別、區域別、客戶別、通路別的排行榜。透過這四大排行榜的整理，再進行四個排行榜的交叉分析，就可以看出什麼商品在什麼區域、什麼客戶、什麼通路賣得最好。

再從 HPA（歷史路徑分析）做出 3 到 5 個年度 12 個月的同期比較分析，就可以看出我們在這個產業過去 3 到 5 年的旺淡季變化情況是如何。

我會建議，無論如何，我們都要做市場調查。因為這可以讓我們在還沒有進入市場之前，就先知道我們將面對一個什麼狀況的市場，如此我們才能先行做出有效的行銷對策及

HPA

曲線圖													

年＼月	1	2	3	4	5	6	7	8	9	10	11	12	合計
差　　異													
要因分析													
改善對策													

規劃思考。

外部市場調查指的是我們要了解政治經濟產業的變化、市場板塊的移動，以及科技的進化。因為科技會引導商品的替代和消費流行趨勢，諸如過去的市場需求者會到門店櫃、雜貨店消費，現在的市場需求者會想要一次購足，這就是消費習慣的改變。

再者，科技愈進步，相關的法令就愈嚴謹，因此我們要注意到環保、產品品質、產品安全度的相關法令規範，以及網路交易、特定產業的法令限制。諸如生技醫療產業就有分 Class I、II、III、IV 的等級，電子產品就有 UPC 國際通用條碼，食品、藥品、化粧品、醫療器材就要有 FDA 認證。

這些都是外部市場調查要做的，我們不能忽略。有做外部市場調查，我們才清楚我們想要經營的市場（國內市場，國際市場），其消費習性是如何，我們如何進入。

第二個步驟是當我們做完市場調查，就要以區隔的方式，將整個大市場切割成很多個小市場。何謂區隔？就是做切割的動作。

如何切割？就是根據我們的需求，將我們要用來切割的 2 個要件因素，放在 X 軸與 Y 軸上，以這個方式，把一個大市場切割成很多個區隔市場，如此，每一個區隔市場就稱為小眾市場。

小眾市場的出現，就代表市場消費者有不同的消費習性，包括不同的地區有不同的消費習慣、不同的年齡有不同的消費習慣，並且這個現象愈來愈明顯，因此我們面對市場時，不能再做大眾市場，大眾市場的時代已經過去，現在再做大眾市場，就不是人人都會購買。

何謂大眾市場？就是我做這個產品，放諸四海皆準，只要是市場消費者，都會需要。

相對的，小眾市場就不一樣。小眾市場就是市場經過切割之後，每一個小市場都有各自的消費習慣、消費喜好。正如手機，全世界就有很多不同的品牌，各有各的粉絲，這就告訴我們小眾市場的重要性。

而有這麼多的小眾市場，需不需要全做？基於我們的資金與人力資源有限，不需要全做，因此第三個步驟就是從這麼多的小眾市場，選定我們的目標市場（Target Audience）。

有了目標市場，第四個步驟就是要在目標市場裡進行市場定位，決定我們在市場上要給市場大眾什麼樣的印象。換言之，一家公司或一個商品或一個品牌要給市場上的消費者與需求者什麼樣的印象，就稱為市場定位。

市場定位可分成公司定位、商品定位、品牌定位、高中低檔定位。公司定位就是大家聽到公司名稱就知道這家公司是做什麼的，例如聽到鴻海富士康就知道是做代工的，聽到蘋果就知道是賣品牌的。

高中低檔定位，顧名思義，高檔就是賣得很貴，中檔就是中價位，低檔就是平價。以汽車為例，高檔就如雙B（賓士、BMW），中檔就如 VOLVO，低檔就如 80 萬元以下的車款，比如很多計程車就都是用平價車款，因為成本最低。

而定位的動作是任何時間都適用的。當定位清楚，能讓市場大眾印象深刻，我們才能從眾多競品中脫穎而出，不致

隨著市場競爭加劇而被市場淘汰。

市場定位清楚之後，第五個步驟就是要做商品規劃，也就是為了做進這個市場，我們應該準備什麼商品、準備多少數量。為此，我們就要規劃產品發展路徑圖（Roadmap），俗稱第一代商品、第二代商品等等。

以蘋果手機為例，從 2007 年推出第一代 iPhone 到現在推出 iPhone 13，就代表商品規劃會隨著科技功能或市場需求來不斷推陳出新，然後推出一個能被市場接受的商品來給需要的人。

這就是商品規劃。當商品規劃對了，就贏了一半。商品規劃是成敗關鍵。很多人會說，銷售才是成敗關鍵，但我會說，商品只要做了前期的市場調查，清楚市場要什麼，就能順利賣進市場。若不清楚市場要什麼，商品做得再棒，廣告做得再多，也乏人問津。

因此，任何企業在學這個行銷管理十大步驟時，都要體會到，規劃的商品必須叫好又叫座，才能如魚得水，在市場上勝出。這也可見，商品規劃不是去管倉庫，而是要從市場

來了解我們應該準備什麼商品進入市場。

確定應該準備什麼商品進入市場之後，第六個步驟就是要清楚知道這個商品如何取得、如何發展。商品發展主要有 2 個方式：一是自主研發商品；二是從市場搜尋商品來變成我們的商品線。

其中，自主研發商品，我們的投資必須很大，成本也會比較高。若是從市場搜尋商品，就能找代工廠，把我們接的訂單轉給代工廠做，如此一來，商品取得就容易。這也可見，當市場要什麼，我們就到供應鏈去找有沒有市場要的商品來轉給它，這才是商品規劃的成敗關鍵。

正如 1990 年代我協助奇威名品時，就告訴老闆，不需要養設計師團隊，只要有一組商品規劃團隊就好；團隊人數也不需要多，只要 2 人就夠。接著就是針對目標市場要的商品來做商品規劃。商品規劃清楚之後，就找設計工作室，看哪家做的款式符合所需，就買斷變成公司的商品組合，如此一來，公司商品就很快發展出去。

若是自主研發，自己養設計團隊，基於設計出來的商品

不一定會命中市場，當沒命中市場時，就很麻煩，因此我們要做好研發管理、乃至商品開發管理的動作。

第七個步驟是落實產銷管理。產銷管理的第一步是做好銷售預估，再拆解銷售預估裡的結構性商品，再拆解結構性商品中每一個品項或 SKU（Stock Keeping Unit）需要多少數量或金額。

比如我們的目標是要做 10 億元，我們的商品共有 10 個品項，如果每一個品項的目標都是做 1 億元，每一個品項的單價都是 1 萬元，那麼每一個品項的數量就要做 1 萬個。當我們以這個方式去推估，就能立刻知道每一個品項在市場上要準備多少貨去賣。

做好銷售預估之後，就是規劃如何取得這些商品。取得商品的方式可以是自製，也可以是外購，自製與外購可以同步。我們可以依業績、依商品的銷售預估來拆解哪些商品要自製，哪些商品要外購，依此進行採購備貨的動作。如果商品要自製，就要買原物料或零組件；如果商品要外購，就要買成品。

確定商品取得方式之後，就要每個月開一次產銷會議，於會中確認下個月要準備哪些商品及多少數量，同時也預估未來 3 個月要賣哪些商品及多少數量，如此一來，我們的庫存就會降到最低。

我在 1986 年主持寶島眼鏡時，就是用這個方法，在一開始 65 家店時，鏡片庫存 30 萬片；1 年之後展到 98 家店時，鏡片庫存剩下 20 萬片；2 年之後展到 190 家店時，鏡片庫存只剩 10 萬片。

換言之，我能在 2 年時間將公司展店數成長 3 倍，庫存降低 2/3，就是透過這樣的產銷管理，搭配自動撥補的運作。

我就是這樣讓公司業績快速成長倍增。這是很重要的轉變。我輔導企業時，也是用這個方法讓企業翻轉上來。這個方法最適合自有品牌、自有商品的經營，常常能在國際市場上得到很好的產銷管理效果。

這個方法也可以用在連鎖經營，像是麥當勞，我們可以看到它的貨車都是固定時間來送貨，這就代表它的產銷管理做得很好，它會給每一家分店一個基本配置量，一段時間後，

看它賣多少，就定期撥補多少。

這個方法也可以用在製造業的生產線。當工單出現時，資材單位就給生產線一個標準用料，生產線投產之後，若是料不足，就要填寫補領料單，由資材單位發料給生產線，而不是讓生產線來領料。

落實產銷管理之後，第八個步驟就是發揮市場管理，也就是導入產品經理（Product Manager；PM）制。

換言之，我們在行銷上所理解的 4 個 P（Product、Price、Place、Promotion；產品、價格、通路、促銷），這 4 個 P 如何發揮，就是所謂的市場管理。這 4 個 P 由誰來發揮？就是產品經理，或稱品牌經理、通路經理。不論名稱為何，這個角色就是在做將產品打進市場的銜接過程。為了讓產品更容易打進市場，這個角色就要做產品準備的規劃、市場價格的決定、通路管理的規劃、促銷推廣的規劃。

到了第九個步驟，就是做促銷規劃。促銷規劃可分成 2 種類型：一種是廣告文宣；另一種是 SP（Sales Promotion）活動。

廣告文宣除了傳統廣告之外，還包括數位廣告。廣告文宣也可分成動態廣告和靜態廣告。動態廣告包括電視廣告、電影廣告，及數位平台上的微電影廣告。靜態廣告就是 DM、型錄、傳單，所以任何一家懂行銷的公司都會有一個行銷團隊負責廣告文案寫作（Copywriting）與美工設計。

SP 活動包括打價格戰，做檔期優惠活動鼓勵消費者多買，以線下為例，就如百貨公司週年慶，以線上為例，就如雙 11 購物節。雙 11 購物節是新興的 SP 活動，它的出現就告訴我們，任何公司若想在行銷上有所突破，就要從 C2B 的角度切入。

除此之外，行銷大師科特勒（Philip Kotler）在《行銷管理》中提出的 IMC（Integrated Marketing Communications；整合行銷溝通）主張，也是我們做促銷規劃要重視的。他的 IMC 就告訴我們，當我們了解 C2B 之後，如何與 C 溝通互動，就有非常多的管道，從實體到數位，從線下到線上，因此我們不能再透過我們慣用的一兩個管道來與 C 溝通互動，要透過各種管道來與 C 溝通互動，才能將 C 一網打盡。

最後，當我們把前面 9 個動作都鋪陳好，第十個步驟就是落實銷售管理，也就是業務團隊上戰場的時候。

在過去 B2B、B2C 的時代，業務團隊很重要，也很辛苦，因為他們要到第一線衝鋒陷陣，可是在現在 C2B 的時代就不一樣，公司不一定要有一堆業務，但是不能沒有客服。因為客服是在做電化行銷，也就是透過網路、手機、傳真等各種管道，與所要接觸的 B 或 C 溝通互動。

換言之，科技的進步讓現在的人不一定要碰到面，就可以完成銷售行為。再者，現在的年輕人也不喜歡做需要到外面日晒雨淋、辛苦奔波的業務工作，喜歡做可以待在舒適環境中工作的工作，因此改做電化行銷，既可以吸引年輕人加入，也可以達到銷售的效果，如此一來，客服就是必要。現在的電商就是這樣的運作模式。

當然，除了善用電化行銷之外，銷售管理要做好，還要注意到市場的開拓、交易的安全、顧客的再購，這些都要透過 Database、Data Mining 來實現。

最後，就行銷管理的變與不變而言，我們若是一直僵化地用著過去的推銷方式在銷售，就會愈做愈辛苦；若是懂得運用行銷管理十大步驟來改善我們的行銷模式，就有機會在競爭激烈的市場上掌握優勢先機，大展鴻圖。

陳教授的課後習題

找 出 關 鍵 痛 點 ‧ 問 題 迎 刃 而 解

行銷業務 | 變與不變

❶ 行銷與業務銷售有何差異？

A：行銷是戰略布局規劃，業務銷售是戰術執行。台灣大多數企業不重視行銷，主要是因為過去市場是「需求大過供給」的 B2B 與 B2C，但是從 2000 年之後，市場的型態轉為 C2B，在供給競爭激烈下，行銷隨即受到重視，加上 EC（Electronic Commerce）自 1990 年開始普及，行銷就成主流。

❷ 行銷為何重過銷售？

A：因為銷售著重面對面的傳達與技巧，行銷則強調價值與適用的貼切，更是重視口碑與認同，所以會出現在非實體中，更是重視小眾區隔的目標市場。

針對大家關心的問題持續追蹤，並不定期的回覆與互動討論，歡迎讀者踴躍上線留言。

Chapter 2-2

人資

從管控到發展

» 趨勢
人力資源的演進史
Personnel → HRM → HRD → HRC

一、人事管理的時代
二、人力資源管理的時代
三、人力發展的重視時代
四、人力資本當道的時代

人力資源的變，可從趨勢面來看，因為整個大環境在轉變，而企業經營絕對無法避開的就是人的問題，因此我們在趨勢面要了解人力資源（Human Resource；HR）的演進史。

以台灣為例，1990 年以前，台灣憑藉代工模式創造經濟奇蹟的時代，因為有著人口紅利的優勢，勞動市場是供給大過需求，讓企業很容易擁有勞動力，因此用人上就會偏重在人事管理。人事管理，簡言之就是把人當成商品看待，商品可以買賣，因此勞動力會被賤賣。

其實不只有台灣，全世界都有經歷過這樣的時期，只是台灣是在 1990 年以前，美國是在 1960 年以前。

1990 年以前，很多移工來到台灣，也是被打壓或是不被善待，這些都是因為企業用人都是把人當成商品看待，若是這個人不行，再換一個就好。

　　因此，在人事管理的時代，企業用人偏重在人的管控，也因此才會有出勤的管控，以工作的要求和薪資的給予來管控，把人當成我（企業主）所擁有的物件來管控。這在古代稱為奴隸，也就是我用錢雇用他，代表我可以控制他，所以他應該乖乖聽話。換言之，在人事管理的時代，勞資關係是我希望我所雇用的人能乖乖聽話。

　　1990 年之後，就進入人力資源管理（Human Resource Management；HRM）的時代。相較於人事管理是我把人當成商品來看待，所以我可以去控制他，人力資源管理就是我把人當成資源來看待，所以我要去開採他。

　　主要原因是當時的勞動市場不再是供給大過需求，不再有人口紅利，讓企業開始重視人力取得不易，因此就把所擁有的人當成天然資源，也就是找來一個人，就代表開採出來的礦石，要去琢磨他，他才會變成可以產生效益價值的寶石，若是沒有琢磨他，他就會是一顆沒有效益價值的石頭。

這也可見，人力資源管理其實就是變革之後的人事管理，基本上是換湯不換藥，亦即人力資源管理與人事管理其實並沒有什麼很大的差異，只是人事管理是雇主把人視為自己所擁有的物件，所以會想要去控制他，人力資源管理是雇主把人視為自己所開採的資源，所以會好好去善待他、運用他。

換言之，1990 年以前，台灣有人口紅利，因此企業用人的主流是人事管理，但是 1990 年之後，勞動市場漸漸供需平衡，促使雇主開始體會到不再能隨時替換人員，所以就開始把人當成資源來好好開發，好好善待。

隨後，進入 2000 年，勞動市場漸漸從供需平衡轉變成需求大過供給，就進入人力資源發展（Human Resource Development；HRD）的時代。人力資源發展，是學理上的名稱，講直白一點，就是人力的教育訓練開發，目的是要把人的潛能激發出來。

因為 1990 年之後，台灣經濟起飛，勞動力需求隨之加大，導致勞動市場供給不足，如此就讓企業用人開始重視教育訓練，開始做人才培育，藉此激發人員的潛能，提高人員的素質與工作技能。

再者，當事業擴大、組織規模擴大之後，企業也需要更高值的勞動力－管理階層，但是因為管理階層不是天生就會做管理，因此就要做教導和訓練。這就開啟了企業重視教育訓練、重視人力資源發展的時代。

　　而與之相應的，就是很多訓練機構應運而生。這點從台灣有很多訓練機構都是在 1990 年之後成立，包括聯聖企管也是在 1992 年成立，就可以得證。

　　2010 年之後，則進入人力資源資本化（Human Resource Capital；HRC）的時代。若是對會計學稍有概念，就會知道，以資產負債表（平衡表）的角度看，資本就等於資產，因此人力資本就等於企業非常重要的資產。當企業開始懂得把人當成企業的資產來看待，就會更加珍惜所擁有的團隊。

　　當然，我們也要理解，團隊若是沒有創造績效，就代表變成企業的負債。換言之，有創造績效就代表資產大過負債，對企業是有利的；沒有創造績效就代表負債大過資產，對企業是不利的。

所以我們過去會說這個人「好不好用」，現在會說這個人「有沒有當責貢獻的效益」，從用詞的轉變，就可立即體會到，在人力資源的領域裡，有過這樣的轉變過程，而進入21世紀，台灣就變成人力資源資本化的時代。

　　我們可以看到台灣有很多快速進步的企業，都有一個共同的習性就是非常重視教育訓練。正如台積電現在很夯，除了因為敢給高薪，菁英就會被吸引過去之外，還有就是會不斷對員工做教育訓練，讓員工不斷學習成長。

　　我所主持、輔導過的很多公司，包括電商在內，能快速進步，也是因為重視教育訓練。大家可能都以為電商只是在線上做生意，但是懂得人資發展應用的電商，都會不斷對人員進行再教育、再訓練來提升素質，因而能很快地打造出成功的事業。

　　換言之，就像是天然的礦石要經過琢磨之後，才會變成寶石，一個人進到公司之後，也要經過教育訓練，創造績效，才會變成有資產價值的菁英。

若以國家的角度來看，通常經濟、所得比較好的國家都會重視國民基本教育。這是因為國家有錢，就會實施國教。

正如台灣以前的國教只有 6 年，1968 年就變成 9 年，2014 年再變成 12 年。若以歐洲來看，英國的國教是 12 年，德國與法國的國教是 12 至 13 年。若以美國來看，拜登（Biden）政府打算把 13 年（5 歲至 17 歲）國教變成 17 年（3 歲至 19 歲）國教。這些國家都是因為把人視為資源，因此會不斷去琢磨、薰陶、培育，以期國人能變成有價值的資產。

綜言之，人力資源的「變」是隨著時代背景和勞動市場的供需變化，從商品變成資源，最後成為資產。人力資源的「不變」則是對於人力資源如何運作，要有制度可以依循。

》對策

撿現成，空降 → MA 內升

一、勞動市場供給大過需求時就撿現成

二、有勞動需求時就撿現成

三、勞動市場反轉時就出現人力斷層

四、企業經營管理團隊內升優於空降

五、加強職涯發展的建置

六、MA 的落實運用

過去企業經營，擁有人力的方式是以撿現成為主，後來隨著時代背景和勞動市場的供需變化，漸漸轉變成內部的培養與提升。

換言之，當一個國家有人口紅利時，就代表該國的勞動市場是供給大過需求，任何企業想要找人，只要報紙一登，就有很多人來應徵，有時候甚至沒有要登報紙找人，也會有人前來詢問，因此企業在不怕找不到人的情況下會用撿現成的心態來雇用人。

我們從作業員這個稱呼的變化，也可看出雇員的社會地位變化，亦即 1960 年代在工廠生產線工作的人還不是被稱為作業員，而是被稱為女工，直到 1980 年代，勞動市場開始供需平衡，勞動者開始想要工作做得有尊嚴，才在覺得女工的社會地位低下之後，改稱為作業員，時至今日則稱為生產線的組員。

那麼何謂撿現成？就是不需要花時間琢磨、訓練；需要人時，隨時都有。這是因為勞動市場是供給大過需求，這也導致企業主有恃無恐，根本不會想要好好栽培員工，結果就是用了一堆忠誠度高且聽話的員工。若是找不到這樣的員工，就從國外找，因此台灣早期移工很多。

然而，當勞動市場漸漸供需平衡，不再像過去那樣供給大過需求，企業主就開始感受到人沒有像以前那樣那麼好找。隨後，當勞動市場開始出現逆轉，變成需求大過供給，就開始出現人力短缺或人力斷層。

這對企業來說是非常不利的。因為過去舊世代為了找一份穩定工作來賺錢貼補家用，會很乖、很聽話；面對雇主的百般刁難，可以忍氣吞聲，默默吃虧。現在新世代賺錢不一

定要貼補家用，多數是自己用，甚至不必進入勞動市場，家長就會養他。媽寶爸寶就是這樣養出來的。

因此，現在勞動經濟學中對失業的定義已經完全改觀。早期的失業是有工作意願，有工作能力，但找不到工作，才稱為失業。現在的失業則就多了隱藏性失業、摩擦性失業、結構性失業。

另外，還有一種失業稱為自願性失業，也就是有工作能力，但沒有工作意願，為了活得自在，不想工作，不想受雇於人，即便沒賺大錢，也沒關係，反正有多少錢就過多少錢的日子。這種人又稱躺平族。這也顯示出這個社會形形色色的人都有，媽寶爸寶、躺平族的出現，代表勞動市場在反轉，會出現人力斷層。

人力斷層有自願性斷層、摩擦性斷層、結構性斷層等 3 種情況。人力斷層指的是企業需要人，但找不到人。自願性斷層指的是勞動者有工作能力，但沒有工作意願，所以企業找不到人。摩擦性斷層指的是勞動者在轉換工作期間離開勞動市場，所以企業會缺人。結構性斷層指的是企業想要的人才，在勞動市場上找不到。

企業職涯發展體系

層級	OST	OJT	DT	TT
高階主管	部門內專業訓練	層次訓練 (100 小時／年)	↗ 儲備經營者訓練	內部師資訓練
中階主管		層次訓練 (100 小時／年)	↗ 儲備主管訓練	
基層主管		層次訓練 (100 小時／年)	↗ 儲備幹部訓練	
基層人員		層次訓練 (60 小時／年)	↗	
新進人員	職前教育 (1~3 天上完，考試通過，簽勞動契約)			

面對這些人力斷層的問題，我們應如何改善？就是在人資管理的領域上必須做一個不變的動作—為公司的經營管理團隊建立內升制度。這個內升制度就如我在 1986 年發展出來的職涯發展體系。

這個職涯發展體系是 1 個平台上立了 4 個支柱。1 個平台指的是職前教育，4 個支柱指的是 OST、OJT、DT、TT。

OST：On Site Training

OJT：On/Off Job Training

DT：Development Training

TT：In House Trainer's Training

換言之，每一個新進人員進到公司來，都要先接受公司的職前教育。這個職前教育可以短至一天，長至一個月，視行業需求而定。職前教育結束之後，這個新人就進入工作崗位，開始進行 OST、OJT、DT 的教育訓練。

首先是 OST。OST 是在位訓練，目的在排除團隊的工作障礙，解決團隊的工作問題，通常是每天 10 分鐘，每天一個主題。

接著是 OJT。OJT 是在職訓練，目的在提升團隊的工作技能與工作方法，可分成內訓（On Job Training）與外訓（外派訓練；Off Job Training）。當企業規模不是很大，不容易辦內訓時，就適合辦外訓。當我們發現外面有更好的訓練課題可以提升我們團隊的職能時，也適合辦外訓。

除了 OST 與 OJT 之外，還有 DT。DT 是發展訓練，日本稱為養成訓練，台灣稱為儲備訓練。我在過往主持、輔導的企業，都會建立管理者的培訓認證制度，意思是任何績效表現優異的人都要先進我的儲備幹部培訓班，經過培訓，了解如何當一個管理者，取得認證之後，才有資格升任基層主管。

基層主管在任內也要經過 OJT 的強化訓練，若是績效表現優異，就會被挑選出來參加儲備主管培訓班，從中學習如何當一個中階主管（理級主管），若有取得認證，才有資格升任中階主管。

　　中階主管在任內也要經過 OJT 的強化訓練，若是績效表現優異，就會被挑選出來參加儲備經營者培訓班，從中學習如何當一個高階主管，若有取得認證，才有資格升任高階主管。

　　因此，一家公司的優質人力絕對不是來自空降或撿現成，絕對是要刻意打造的，絕對是要從公司內部慢慢培養上來的，唯有如此從基層慢慢培養上來，這個人才會融入公司，認同公司文化，變成公司的子弟兵。

　　正如聯聖集團培養出來的人就是聯聖人，台塑集團培養出來的人就是台塑人，王品集團培養出來的人就是王品人……。一家企業培養出來的人，一定具有相同的氣質與風格，這就是組織氣候與組織文化的薰陶。

這對企業來說非常重要，因為企業要自己打造自己需要的人才，才能真正得到自己所要的人才。可惜的是，台灣很多企業因為習慣用空降，或在成長過程上沒有注意到，因此當企業快速發展之後，人才就緩不濟急。

很多企業成長到一個階段之後，會嫌棄原本的人不夠好用，我都會告訴他們：「不要怪這些人不夠好用，他們會不夠好用，還不是你找進來的。你有打造人才的義務，卻沒有花心思去培育他們，所以沒有嫌棄他們的權利。」

這也意味著企業的人力資源在企業的成長過程上要經過培育的階段，企業才能擁有較好的人才。

正如 1986 年我主持寶島眼鏡時，就透過儲備店長培訓班的方法打造店長，讓寶島眼鏡可以在短短 1 年內快速展店，快速變成台灣眼鏡連鎖第一大。

2002 年我主持詩威特國際美容時，國家只有兩級（丙級、乙級）的美容師認證，我也專門建立了四級認證來培養我們自己的美容師和店經理，讓我們每家店的店主管都是我們自己打造出來的。

連鎖產業可以這麼做，製造業也可以這麼做。我過去主持大毅科技時，接手之初，很多主管的職能都沒有很好，因為公司早期多是撿現成，後來在發展過程中遇到瓶頸，才意識到做培訓的重要性，並開始用心做培訓，讓公司主管都是經由內部培訓上來，公司發展才變得更穩健。

另外還有一個是 MA（Management Associate）。MA 對儲備幹部的培訓也很重要。MA 是要大量招募新人進來，經過公司的緊密集訓、嚴格篩選，最後留下來的就是公司的儲備幹部。這也意味著公司要用什麼人，就要自己培養打造，這些人才會變成對公司忠誠度高、認同度高的優質經營管理團隊。

綜言之，面對勞動市場的變化，我們如何從撿現成或習慣用空降的方式，轉變成我們自己來打造自己的團隊，已成為今後不變的法則。

» 對策

重量 → 重質

一、威權管理時代的重忠誠

二、企業發展的授權管理需管理階層

三、新世代興起的分權管理

四、未來的重質勝於重量的「菁英化」

五、自由工作者與斜槓世代的來臨

　　未來人力資源管理的趨勢會從重量轉變成重質。重量就是重視團隊的人數。重質就是不再重視團隊的人數，而是重視團隊的素質。因為現在是 AI 的時代，科技會取代過去傳統的基本人力。

　　正如 1965 年以前，台灣沒有計算機，大家都是用算盤來做加減乘除的運算，直到 1965 年，震旦行引進台灣第一台計算機，大家才漸漸改用計算機來做加減乘除的運算。而時至今日，計算機也不實用，因為手機就有計算功能，可見科技改變所有一切，人力可被機器取代。

若以人力資源的角度看，不變的法則就是從重量轉為重質。過去重量的時代，企業老闆或主管會希望自己擁有的人服從度要高，可是當企業在發展過程中不斷擴大，老闆就不可能再一個人管幾百人，必須分工出去，因此就有授權管理應運而生。

　　要授權管理，就需要很多管理階層，而管理學的管理跨距理論告訴我們，通常一個管理者最佳的管理幅度是 5 到 7 人，因此當一個團隊超過 10 人時，就要分成 2 個團隊；當團隊分拆出去時，每一個團隊就都要有一個團隊領導者。

　　後來，新世代出現，新世代不喜歡被管控，就讓過去的家長式威權管理失效。因為大家都想要有自己的一片天，因此當我們把事業穩住了，也把人培養成菁英了，就要讓他們獨立發展出去，否則他們在我們這裡看不到未來，就會離開，自行創業，變成我們的競爭對手。

　　這也可見，在人力資源的培育過程中，不變的道理是，不要讓他們變成我們的競爭對手，要讓他們在我們的體系裡自主發展。

這就是 1986 年我在寶島眼鏡創立內部創業制的初衷。鑒於新世代的興起，新世代想要獨立自主，我就予以分權管理模式來因應。

　　這會讓我們培養出來的主管變成連鎖店的經營者，我們讓他對該店有投資權，他就不會輕易離開我們的連鎖系統，大家就能共存共榮地發展上去。

　　換言之，寶島眼鏡還沒導入內部創業制之前，店長的異動很頻繁，導入內部創業制之後，店長的異動率就降至 3% 以下，因為在這個體系下，他可以賺更多錢，而他賺更多錢，就帶動企業發展更好，可往集團發展邁進。

　　集團發展可能會產生很多不同的產業，因為老闆一個人不可能什麼產業都懂，可是當他看到其他產業有機會時，會想要跨足，因此就要借重菁英來做，用分權管理模式來做，這就是人力資源的不變法則。換言之，事業要多元化發展，這就讓我們不可能再一手掌控所有一切，如此，我們就要從授權管理轉向分權管理。

再者，未來是重質勝於重量的菁英化時代。因為集團發展需要很多人，人多不一定有效益，要有效益，就只有把一個大的集團拆成很多個小的事業單位（Business Unit；BU），讓每一個事業單位都菁英化，每一個事業單位的創利效益才會大。這也意味著當人力資源菁英化之後，我們在企業經營上就要重視利潤的創造。

2020 年之後，則是自由工作者的時代。自由工作者其實就是駐地業代，駐地業代不是我們公司的人，可能是當地人與我們簽約，為我們做事，屬於委任制，亦即他在我們公司領的不是薪水，而是傭金（Commission）。

未來的時代會有很多自由工作者，並且這些自由工作者絕大多數都是偏重在專業工作上，因此我會鼓勵企業，在電腦管理方面，可以委任電腦專業的人來做，如此，公司就不需要養這個人。公司需要什麼軟體，他就寫什麼軟體過來。他來辦公室，只是做例行的維護工作而已。

再者，現在是數位化的時代，很多專業工作者都善於製作數位廣告，因此我們若要投放數位廣告，也不需要養這類

人，只要直接委外就好。

而順應時代的趨勢，自由工作者會興起，斜槓世代也會興起。斜槓世代是我不一定只為一個老闆做事，我可能會同時為兩三個老闆做事，可能一個是做我有興趣的工作，一個是做我專業的工作，這就是斜槓人生。

正如我過去主持企業，都會告訴老闆，不必外派人力去海外駐點，因為現在願意接受外派的人不多，尤其是聽到要外派中國，都會退避三舍，但是事業又不能不發展出去，因此我的做法是，鑒於現在台灣有很多外國留學生，這些留學生來台灣念書，對台灣漸漸熟悉，我們就可以用這些人。

我們可以與學校接洽，讓這些人來公司做 Part-Time 的實習生職位，但是我們用 Full-Time 的薪資用他，若是他一個月要回學校上課 8 天，我們就扣 8 天的事假，如此，他領的薪資一定比他到其他地方打工領的薪資高，如此，他對我們公司的黏著度就會高。

接著在共事期間，我們就可以觀察他的價值觀、人格特質是如何。如果不是公司要的，我們就不會繼續用他；如果是公司要的，當他畢業後，我們就可以和他談。我的做法是鼓勵他回到他的母國去做我們事業的發展，如此就能變成我們力量的延伸，也能讓公司快速國際化。當然，我也會鼓勵他變成投資者，他有了屬於自己的事業，就會更加用心投入，不會輕易棄我們而去，我們的經營管理團隊就能更加穩固、更加菁英化。

陳教授的課後習題
找出關鍵痛點 · 問題迎刃而解

人資 | 變與不變

❶ 人資管理與人事管理有何差別？

A：人事管理是將人當成商品看待，所以重管控；人資管理是將人當資源與資產看待，所以重發展。

❷ 人資管理涵蓋些什麼？

A：一、人資管理的行政面（這是人資工作的責任）
1. OP（Organization Planning）：組織規劃
2. HRA：人資行政管理；由 Personnel → HR，早期只是處理文書工作，中期開始發揮人資功能，現今 CHRO（人資長）已成為 CEO（執行長）的戰略夥伴
3. HRD：人力資源發展
4. HRC：人力資源資本化
5. ER：雇用關係的凝聚者
二、人資管理的管理面（這是老闆與主管的職責）
1. 管理者的團隊管理
2. 管理者的團隊領導
3. 管理者的團隊帶動
4. 管理者的團隊激勵
5. 管理者的團隊凝聚

針對大家關心的問題持續追蹤，並不定期的回覆與互動討論，歡迎讀者踴躍上線留言。

Chapter 2-3

產銷
從台灣外銷全世界到短鏈革命

供應鏈 → 供應鏈 × 通路鏈＝產業鏈

一、過去：純買賣關係的供應時代

二、現在：產業聚落的供應鏈發展

三、未來：經銷通路為王的時代

四、未來：通路縮短的產業鏈一體的時代

　　產銷協調是企業經營的重要課題，一家企業若是產銷不協調，就可能出現斷貨或庫存過多的問題，而不管斷貨或庫存過多，都不利企業經營，因此對於整個產銷管理的演進過程，我們必須知其然且知其所以然，如此，追求產銷協調時，才能得心應手。

　　一般來說，企業過去雖然都會面臨產銷運作上的困擾，但是都不太會關注這個課題，因為早期是純買賣關係的時代，只要賣方有供應，買方就會買；且多半都是供應商逼下游廠商吃貨。

在純買賣關係的時代，任何銷售單位或需求單位都要對供應單位下單，所以供應者的供應能力與供應條件就很重要。

這也造就台灣在 1970 至 1990 年代變成全世界重要的生產供應基地，因為全世界的需求者（買方）會把需求的產品訂單下給台灣做。在此情況下，台灣做代工的工廠幾乎就沒有囤積存貨的問題。

然而，這種「市場需求者餵單給我們多少，我們就做多少」的接單生產模式，表面上看起來是好事，實際上就可能讓我們出現溫水煮青蛙的效應，對產銷管理有所輕忽。

換言之，我是代工廠，我只要坐等買方下單給我，我再去買料來做就好，因此對於產銷問題，我沒什麼好煩惱的。

當然，若是站在買賣業與零售流通業的角度看，可能就要做庫存的準備，但也不需要準備太多，因為要快速周轉，如此一來，也不會出現產銷不協調的問題。

這就導致年輕世代無法理解為什麼上一代都不太重視產銷管理。因為上一代是接單生產，沒有產銷不協調的問題，也就不會有產銷不協調的困擾。

但是 1990 年之後，台灣的勞動成本漸漸提高，兩岸關係開始解封，台灣很多企業就開始外移中國。這是西進時代的來臨，對企業經營來說，是一個很大的轉變。因為西進之後，台灣的代工製造重心幾乎全部都往中國移轉。

其實今天中國能成為全世界的經濟霸權、政治霸權或軍事霸權，與台商將整個生產基地移到中國有很大的關係。當然，不可否認的是，鄧小平的改革開放政策對中國內部帶來很大的轉變，但是外部是台商將技術、資金與人力移到中國，才帶動中國產業經濟的崛起。

而台商將生產基地移到中國，就會出現中心廠與衛星廠的產業聚落形成。諸如江蘇昆山就是台商電子產業的產業聚落，也是長三角地區的台商大本營，素有「小台北」之稱。

那麼為什麼會形成產業聚落？因為中心廠在哪裡，周邊的衛星廠就會跟著去，主要用意是讓中心廠在生產時，不會斷鏈，能產生短鏈效應。短鏈效應就是中心廠在生產時，會通知所有上游原物料與零組件供應商，要他們在第一時間供貨給中心廠，滿足中心廠的組裝或生產需求。

這個現象其實是來自於日本豐田汽車（TOYOTA）的經營模式，又稱豐田式管理。它是一種產業聚落的形成，亦即豐田的中心廠位於日本愛知縣豐田市，因此整個豐田汽車的組裝重鎮就在那裡形成，周邊所有相關零組件廠商也在那裡群聚。

除了日本之外，台灣也有這樣的現象。諸如電子產業的產業聚落主要集中在桃園，新竹、台中及台南的科學園區；紡織產業的產業聚落主要集中在桃園中壢及台南；精密產業的產業聚落主要集中在台中、嘉義，最近北高雄也漸漸形成產業聚落。

產業聚落改變了產銷管理模式，可產生短鏈效應。比如我當年主持 ViewSonic 時，就利用短鏈效應，讓公司業績可以在很短時間內成長 9 倍。

我當時是把貨拉到全世界的 18 個保稅發貨倉（Bonded Warehouse），然後與客戶聯繫，只要客戶有需求，不需要下單滿 MOQ（Minimum Order Quantity）的量，也不需要等 30 天，我們接單之後 1 天內就可以發貨給他，如此，他就不需要大量進貨，造成呆滯庫存，或有存貨壓力的困擾。

在這樣一個經營模式下，我們的業績就快速增加，我們的毛利率也拉高。因為我跳過中間商的剝削，不再把貨賣給進口商、代理商或總經銷商，而是直接拉到區域經銷商或零售量販商附近的保稅發貨倉，就近供貨給區域經銷商或零售量販商，因此減少中間商的剝削，我們就得到非常大的毛利與好處。

　　當然，進入 2020 年之後，全世界出現了通路革命的變化，也就是雲端時代的來臨，線上通路與線下通路開始進入整合的局面。過去的時代是線下實體通路為主流，但是電商出現之後，有了線上購物平台，年輕人就不一定會到線下購物，這就改變了整個產銷之間的供應模式。

　　這也是行銷上的 C2B（Consumer to Business）時代。它意味著在現在與未來的時代，我們要重視末端通路的結構變化，然後直接與需求者互動和溝通，如此，我們才能深刻體會到需求者的消費習慣，從而改變我們的商品準備過程，同時思考我們的商品如何讓需求者看到。

　　換言之，現在是科技發達的時代，大家都會透過網路搜尋商品來下單，但是有些商品不能只在網路搜尋到就下單，

還需要實際體驗，比如有些服飾就需要試穿，況且網路上會有不良業者進行不實銷售或網路詐騙，這就使得網路購物未必很安全，因此很多需求者就會想要實際到現場看看、摸摸、聞聞商品的實體，實際體驗、感受一下，體驗、感受完之後，才會在網路上下單，因此實體通路的主要功能就不能再像過去一樣是單純的買賣場所，要變成可以體驗、取貨、發表新品的場所。

而銷售通路的結構轉變，就促使產銷管理進入新的時代，也就是縮短銷售通路，縮短產業鏈之間的溝通過程，進入短鏈時代。

過去的時代，可能因為代工，過度依賴單一國家低製造成本的全球化分工，因此需要長途的國際貿易運輸，但是2020 年之後，「去全球化」時代來臨，就改變了 1776 年以來國際貿易的型態。當然，國際貿易不會消失，還是會存在，只不過會從遠距離的國際貿易轉變成到當地或區域經濟體內設廠，就地生產，就近供貨，如此就會改變產銷管理模式。

比如過去從亞洲出貨到美洲可能要 20 天，從亞洲出貨到歐洲可能要 30 到 40 天，如此就真的需要囤積很多存貨，但是現在已經不需要，因為科技進步的迅速，短鏈時代的來臨，全球化的國際貿易會漸漸地被區域經濟的貿易體制取代，如此，產業鏈中的供應鏈就會從遠距變成短距。

因此，不管做什麼行業，企業經營者與管理者都要注意到，區域經濟整合、在地化生產及產銷管理會變成企業經營的重要課題。我們必須為此思考企業的經營管理對策是什麼？

正如過去我主持大毅科技時，會在馬來西亞設 2 個廠、印尼設 1 個廠、中國設 3 個廠，目的都是為了就近供貨。因為我們的主要客戶是日本松下（Panasonic）和索尼（Sony），他們的成品組裝廠（諸如鴻海富士康、英業達、廣達）是分散在中國和東協地區國家，我們是他們的上游主要供應商，要供應給他們的零組件如果全部都在台灣做，再從台灣出貨到中國和東協地區國家，一定緩不濟急，且他們還要囤貨，會有存貨壓力，因此我們在他們工廠附近設廠，就能就近供貨，快速供貨，也能讓他們不必備庫存，我們備庫存給他們。

換言之，就近供貨能讓我們在競爭激烈的市場上取得優勢來勝出。從時代的演進和案例的說明，我們也可以體會到，天下沒有什麼是一成不變的，隨著 C2B 時代的來臨，我們更要去了解和正視客戶的需求是什麼，以及我們如何快速供應給他。

　　不管是工業性產業、專業性產業或消費性產業，都要如此。工業性產業和專業性產業要服務的客戶對象就是製造業，消費性產業要服務的客戶對象就是末端消費者。切記，客戶永遠都是希望我們能讓他快速取得他要的商品，也希望我們能讓他減少存貨壓力，因此我們若能做到就近供貨、快速供貨，我們就能勝出。

›› 對策
產銷管理流程

一、化被動接單為主動供貨

二、就近供貨掌客戶

三、自動撥補創優勢

　　產銷管理的演進過程是從單純的供應鏈時代演變成供應鏈與通路鏈相整合的產業鏈時代，再從產業鏈時代進入到就近供貨的在地化時代。而時代趨勢是如此，產銷管理的對策應如何？首先就是要重視產銷管理流程。

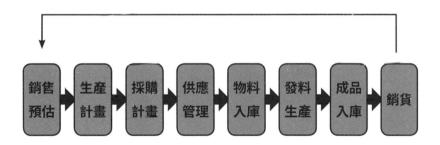

產銷管理流程的第一步是要確定未來3個月的銷售預估。有了銷售預估，再依銷售預估訂定生產計畫。有了生產計畫，再拿生產計畫中我們對原物料的需求量比對庫存量，若是比對之後發現庫存量不足，就要訂定採購計畫。

訂定採購計畫時，要考量到 MOQ（最少訂購量，或稱經濟採購量）。因為下單下 MOQ 的量，可以降低我們的成本。

確定採購計畫之後，就能向供應商下長單。我在課程中談到產銷管理時，都會教導學員，要向供應商下年單。我在主持企業時，也是向供應商下年單，因此我從來都不需要向供應商殺價，就能得到供應商給我的優惠價。

因為當我向供應商下年單，供應商就可以做計畫性生產，也可以做計畫性備料，如此一來，他在成本上就會降低很多，因此他會願意把降低的成本回饋給我們。

這也是為什麼我做採購動作都比別人來得便宜的道理。其實我並沒有多偉大、多厲害，只是因為懂得運用方法，讓供應商願意主動配合。

當供應商願意主動配合我們的生產計畫與工單分批出貨給我們，我們將物料入庫之後，在產銷管理上就可以導入自動撥補機制，只准資材倉主動發料，不准生產現場主動領料，若是生產現場需要領料，就代表有耗損出現。

這麼做的用意是，我主持企業都會要求財會單位每天結損益，而採資材倉主動發料制，我就可以立即結出品質率和耗損率。若要一個月後才能結損益，就產銷管理的角度看，就是無法立刻結出品質率和耗損率，如此就處於失控狀態，成本會增加，實屬不智的行為。

當生產現場投產、產出、入庫之後，就可以準備出貨。而配合銷售預估來出貨，就可以得到成本最佳化的結果。

以上是我所倡導的產銷管理流程，落實它可以得到什麼好處？第一是我們可以化被動接單為主動供貨。

我主持企業時，常常會訓練、鼓勵我的業務團隊要多與客戶溝通，關心客戶未來 3 個月至 1 年內有多少需求量。或許有人會說，可能客戶自己也不太清楚，但是我會說，他們不會不清楚，只是需要我們去引導。

舉例來說，每家公司在經營上都會訂定年度目標，如果年度的業績目標是要做 10 億元，這 10 億元就要拆解出產品別的業績目標。有拆解出來，我們就會清楚知道每個產品每個月的銷售預估量是多少。知道銷售預估量是多少，就會清楚需求量是多少。

　　因為過去我們都是在做順手的生意，因此不會用心去做產銷管理。然而，我常常強調，當方法和工具用對時，才能得到高效益，若是一直依賴過去的經驗，就不見得能得到高效益。

　　因此，若要從被動的接單變成主動的供貨，業務團隊就要多與客戶互動，了解客戶在未來 3 個月至 1 年內的銷售需求。

　　其實只要按部就班地落實我提供的方法，通常都能快速掌握到主要客戶未來的需求量，如此一來就能做主動供貨的動作。

　　或許有人會說，我們是做代工的製造業，客戶沒有下單，

我們就不會曉得客戶要什麼。其實我會說，這是因為沒有用心做好客戶經營，若有用心做好客戶經營，就會知道客戶的需求是什麼。

當然，我們的客戶可能會在當年度有一些突發性新開發的商品推出或產品替代，同樣的，我們若有做好客戶經營，多與客戶溝通，也能事先知情，然後事先備貨來做主動供貨。

第二是我們可以用就近供貨的方式來掌握客戶。換言之，我們可以拉出客戶過去 3 年的採購記錄來做銷售統計分析，如此就能看出客戶的需求是什麼、是多少，這也是 Big Data、Data Mining 的效果。

再來與顧客戶溝通時，就會知道客戶未來業績目標的需求是什麼、是多少，如此，我們就可以得到一個推估量，接著就可以備一個基本量在保稅發貨倉。

這個基本量可能是一個月或一個多月的數量。與此同時，我們有一批貨是在當地港口準備卸貨，一批貨是在海上運輸途中，一批貨是在裝船港口準備出貨，以這樣的安排作為一個週期循環，就不會斷貨，且能就近供貨。

我過去主持一家企業在做美國量販店沃爾瑪（Walmart）的生意時，就是這樣操作的。我們在美國租設了 2 個保稅發貨倉，因為我們做的是自有品牌商品，都是標準品，標準品就可以放在客戶端附近的發貨倉來快速備貨給他，因此我們能快速從同業中勝出。

我在台灣主持企業做內銷生意，也是一樣的操作。例如 1986 年我接手主持寶島眼鏡時，當我把公司的經營計畫規劃出來之後，有了經營需求，鏡片與鏡架的供應鏈配合就很重要，因此我就立即召開供應商座談會，告訴所有鏡片與鏡架供應商，未來我在台灣會開多少家連鎖店，預計會在多少商圈展店，他們若想繼續與我們做生意，就要配合我們，在北部、中部、南部都設有自己的分公司或發貨倉。

當時有很多供應商問我：「為什麼？」我就告訴他們，我要執行快速配鏡、一天取件的策略，當客人來到店裡驗完光、挑好框，一天內就可以配好眼鏡帶回家，如此，鏡片與鏡架就有臨時需求，因此供應商必須能就近供貨給我。

這個案例也讓我們體會到，就近供貨的操作絕對不是做國際市場才需要，做國內市場也需要。就近供貨下，我們就

可以告訴客戶：「跟我買，你不需要囤積大量庫存，如此就沒有存貨壓力，可以得到立即周轉的效果。」通常這樣告訴客戶的結果，都能訂單到手。

第三是我們可以用自動撥補的機制來創造優勢。只要是用心經營的企業，不管是製造業、買賣業或零售流通業，都會用心經營客戶、關心客戶，了解客戶一年的營業額是多少、需求量是多少，並把客戶過去 3 年的資料拿來做統計分析，從中推估客戶未來的需求。

接著在自動撥補的操作上，以製造業來說，就是告訴客戶，一開始他只要進一個基本配置量就好，之後他使用多少量或賣出多少量，我們就自動撥補多少量給他。

若以零售流通業來說，對於連鎖店，因為是自己的連鎖體系，有電腦連線可以得知每家分店每天的銷售量，因此在讓每家分店進一個基本配置量之後，就可以根據每家分店每天銷售多少量來自動撥補多少量給它。

對於經銷商，因為不在我們的體系內，無法透過電腦連線來得知他每天的銷售量，他也不會主動告訴我們他每天的

銷售量，因此我的做法是讓客服人員每天打電話關心他，詢問他有什麼需求，讓他養成習慣。

當他養成習慣，他就會告訴我們他需要什麼，如此，我們就可以把物流配送的時間固定下來，不需要一天做好幾次物流配送，這樣不僅他可以得到順暢的存貨周轉，我們的物流車運輸費用也會大幅降低。這就是自動撥補帶來的高效益。

綜言之，整個產銷的運作，從過去到現在，再到未來，會有一些變化，因此我們如何有效應變，是我們能否在競爭激烈的市場上勝出的關鍵。因為我向來就很重視產銷管理，因此我主持的企業都能從產銷管理上創造勝出的優勢，在此也將產銷管理的方法分享出來，供企業經營者與管理者參考與精進。

陳教授的課後習題

找 出 關 鍵 痛 點 ・ 問 題 迎 刃 而 解

產銷 | 變與不變

❶ 產銷為何失調?

A:這是過去代工興旺時代種下的因,過去只要努力接單生產,
無須主動開拓接單,因此久而久之就失去行銷開拓的能力,
於是就會出現無單可做與塞單交不出貨的失衡現象。

❷ 產銷管理有何新時代的做法?

A:1. 主動接近市場與客戶
　　2. 依經營業績目標占產品結構目標金額與數量
　　3. 依需求數量規劃資材與備貨需求
　　4. 依此需求展生產計畫與辦貨計畫
　　5. 依需求量進行計畫性適量採購,取得優勢價格
　　6. 依接單排定出貨準備與自動撥補
　　7. 如此就能得到貨暢其流與降低存貨的管理

針對大家關心的問題持續追蹤,並不定期的回覆與互動討論,歡迎讀者踴躍
上線留言。

Chapter 2-4

財會

從量入為出到量出為入

» 趨勢
財務：量入為出 → 量出為入

一、過去：窮困的求安全

二、現在：穩定平衡的規劃

三、未來：事業發展的超前規劃

　　從財務和會計來談，相信大家都聽過「管錢不管帳，管帳不管錢」，也就是財務和會計是分開的，但在小微企業，還不需要分工那麼細，因此財務和會計是合在一起的。不過，我們仍要認知清楚：財務是管錢，會計是管帳。

　　當我們認知清楚了，首先，就財務的演進過程來看，華人社會的整個生活觀和經營觀都是以「量入為出」為主，也就是收入有多少，就以此規劃支出，因此台灣就出現了一個很有趣的現象，就是台灣的儲蓄率偏高，長期高於 30%。比如 2020 年的儲蓄率高達 39.83%，就代表我賺 100 元，就存了 40 元，只花 60 元。

　　而在花費上，我們習慣省吃儉用，習慣買東西一定要買最便宜、一定要「俗擱大碗」、一定要用低價買到最大量，

才會感覺有賺到，這就是量入為出的概念。

自古以來，量入為出在華人社會就是一個常態，但是量入為出是窮困時代的特色，因為窮困久了，在沒有錢的保障下，擔心無法應付基本的生活需求與安全需求，就會害怕沒錢，從而養成「能賺多少錢，才花多少錢」的思維與習慣，變成無奈地過生活。這又稱為被動的生活型態。

再加上身處華人社會，被威權體制控管久了，導致服從性高，總是聽天由命，這也加深了量入為出的生活觀。

不過，進入 1990 年之後，台灣社會的就業機會快速增加，即使有很多製造業移往中國發展，但同時也有很多科技產業進駐台灣，且有很多街邊店、零售流通業快速崛起，創造很多就業機會，如此，過去以量入為出為主流的生活觀就漸漸轉變成有穩定平衡規劃的生活觀。

有了穩定平衡規劃的生活觀，心理上就不虞匱乏，不再擔心生活窮困，可以賺多少就花多少。這也導致很多老闆和年長者常常會說，現在的年輕人和以前完全不一樣，以前是省吃儉用，不斷存錢，累積財富，現在的年輕人是一個月賺 3

萬元，一年還可以出國 2 次。

我都會告訴他們，因為時代不同了，過去怕沒錢，所以會一直存錢，現在的年輕人不怕沒錢，因為工作機會太多了，所以會以享受人生的心態來面對生活，如此，生活觀就會是收支平衡。

若以企業經營的角度來看，過去也是以量入為出為主流，但是抱持量入為出的經營觀來經營事業，事業就做不大，因為願意付出的不多。現在則因為市場需求量變大，很多企業就會開始把賺到的錢再投資進去，所以就會有收支平衡的規劃。

換言之，就企業經營的公領域來說，很多企業就敢再做更擴大的投資。若以個人生活的私領域來說，就是收支平衡，開始享受人生。這就如同西方社會都有一個共同特質，就是工作時會非常投入，但是生活上不會虧待自己。

我過去主持企業時，常常要搭飛機飛往很多國家出差、拜訪客戶、做生意。而身為總經理，我要扛的營業額高達上百億元，但我出國時，若是飛往東協國家之類的短程航線，

我都會坐經濟艙，只有飛往歐美國家之類的長程航線，才會坐商務艙。

相較之下，美國人出差，絕大多數都是當成出去玩，因此都會坐商務艙或頭等艙，很少坐經濟艙。

如此就讓我在飛機上發現一個有趣的差異，就是坐經濟艙的以東方人居多，不一定是華人，也可能是日本人、韓國人，但是坐商務艙、頭等艙的幾乎都是西方人。這是因為他們的生活習慣是量出為入，他們會以享受人生作為主要的生活態度，所以不會虧待自己，會先把錢花光，但相應的就會用心投入工作。

換言之，西方人在私領域的生活觀是必須用心投入工作來創造所得，所創造的所得是為了拿來支付先前的花費，也就是先支出再賺錢，因此他們會致力於創造賺錢的效益價值。

若將量出為入的概念用在企業經營的公領域上，就是要先做事業發展的規劃，也就是未來想要達到什麼境界，需要做什麼投資，現階段就應該創造更多營收，賺到錢，才有本錢去實現所要的發展。

如果都是量入為出，就會變成賺到錢之後，再從賺到的錢拿一部分出來投資或改善，如此，事業發展速度就慢。

　　這也可見，台灣企業為什麼很難進入全球百大企業之列？主要就是因為我們都是量入為出的經營觀，比較節省的投資。但從另一個角度來看，很多企業其實都把省下來的錢用來買土地、買房子，所以對於事業的投資，就沒有花很多錢。

　　不過，現在已有不少大型企業開始改變經營觀，從量入為出變成量出為入，也就是接下來想要發展到什麼境界，現在就必須做出什麼努力，用心經營賺到錢之後，才有錢再投資來創造效益。

　　若以一句話來歸納，財務的發展趨勢就是「量入為出到量出入」。這是時代的轉變，從過去窮困時代的省吃儉用，到現在已經可以開始做擴大、精進與跳躍式成長。這是企業經營的必然，我們必須跟進。

會計：違法的兩套帳 → 法令的稅務規劃

一、過去：公司帳不分的時代

二、現在：逃漏稅的內外帳

三、未來：節稅規劃是王道

了解財務的變化之後，接著談會計的變化。

相信大家過去都聽過「公私帳不分」，這句話的意思就是公司帳與私人帳分不清楚，因此就會做兩套帳，但是當企業漸漸做大時，就不能再用兩套帳，因為稅務帳不會允許，因此帳務就會做成內外帳，但是內外帳其實還是從兩套帳演變過來的。

內帳就是實際的帳，俗稱財務帳，也就是給老闆看真實財務情況的帳。外帳就是報稅的帳，俗稱稅務帳，也就是要節省稅務的帳，使用的是 401 報表（一般營業人銷售額與稅額申報書）。這是企業過去公然逃漏稅慣用的操作，很多會計師事務所都會協助企業做這件事情，這是台灣中小微型企業的通則。

台灣很多中小微型企業都會花很多時間去做內外帳的規劃安排，甚至導入 ERP（Enterprise Resource Planning）等系統時，還會設計兩套帳的模式。其實這對企業經營來說，風險實在太高，所以我在主持企業或輔導企業時，都會做節稅規劃。

　　換言之，從會計的角度看，我會強調：「節稅才是王道。」因為節稅就不需要擔心逃漏稅、內外帳或兩套帳造成的風險。

　　節稅其實也是合法的逃漏稅，因此我們要先研究好稅法上的會計科目中有哪些科目是我們可以使用的，之後再規劃要如何應用這些稅法上合法的規定來節稅。

　　正如交際費有上限，可是所有文具用品費、交通費沒有上限，因此每年業績目標設定出來之後，我都會做年度計畫和預算規劃，在預算規劃上，我就會把稅法上規定有上限的幾個會計科目全部規劃清楚，再將金額算清楚，之後就可以在這個天花板的金額裡實際的支付，且這個支付不一定是公司帳。

　　像是外出用餐不一定是用在公司的交際應酬上，發票照樣可以打統編，如此就變成稅法上規定交際費有上限，所以

就把上限用完，但是文具用品費、交通費、雜項購置費沒有上限，就可以另作其他的支付。

當然，現在所有的說明都只能用在私有企業、獨資企業，不能用在公開發行以上公司。因為若是用在公開發行以上公司，就會傷害股東權益。

若以我自己創辦的管顧公司為例，公司是獨資企業，我把公司登記在家裡，家裡的水電費、油電費就可以變成公司報帳，我的貸款也可以變成公司在付。這就是合法的節稅規劃。

再者，台灣有很多大企業或集團企業對從屬的中高階主管都非常禮遇，會讓他們配車，配車一定是租賃。因為租賃可以合法報稅，合法變成費用，若是買車，就會變成攤提折舊，每個月的折舊費用就低於租賃費用，因此用租賃的方式來擁有交通工具，會比直接用買的方式更能得到節稅的效果。

換言之，在會計領域裡，合法的節稅就是合法的使用稅法上的規定，簡言之就是不要觸法，不要逃漏稅，要善用法令給我們的空間。

» 對策
合法節稅的方法

一、導用計畫經營

二、建立預算制度

三、落實開源節流

當我們了解到會計的演進過程已從過去的兩套帳變成現在的合法節稅，財務的演進過程已從過去的量入為出變成現在的量出為入，那麼在財會的變與不變上，應該如何應對？

第一是一定要導入計畫經營，也就是要設定年度目標、做年度計畫。有做年度計畫，就可以從年度計畫來做年度預算的編列。一路規劃下來，每一年要賺多少錢、花多少錢，我們就會非常清楚。清楚之後，我們就要努力把花的錢賺回來。

這也意味著我們一定要體會到，萬一我們的營收不如預期，預算就要省下來，才不會造成捉襟見肘的困境。

在預算編列上，也要注意到，整個管銷費用裡，會計科

目分為固定費用與變動費用。固定費用是不管有沒有營收，都要花的錢；變動費用是隨著營收增加而產生的費用。

前述提到，當我們的營收沒有達到預期目標時，就要把預算省下來，這裡要省的就是變動費用，固定費用不能省，固定費用就如房租、薪資，我們要努力維持固定費用需求的營收。

當然，努力維持固定費用需求的營收，只是損益平衡而已，企業經營要獲利，因此我們要有變動費用，變動費用就如獎金、各項促銷費用、出差費用，變動費用若要付出去，營收就要跟著增加。

這也意味著我們不必怕花錢，因為固定費用是一定要花的，所以我們一定要有固定營收，這是我們經營企業的基本。為此，我們就要好好設定營運目標，擬定營運計畫，然後從這些目標中，做好我們的預算規劃。

如此一來，我們經營企業就不必擔心會不會花太多錢，讓利潤減少。我們永遠可以掌握能花多少錢，且對老闆與股東承諾，一個年度可以賺多少錢。這也是為了盡社會責任。

我常常強調，企業經營要盡社會責任，也就是要對股東、員工、供應鏈與通路鏈（包括經銷商）、社會大眾負責。企業的社會責任就是要對這四大類人負責，因此經營不能虧損，不能倒閉，要獲利。而經營要獲利，就要用正規的經營模式。

　　正規的經營模式就是落實計畫經營，訂好目標，做好計畫，編好預算，如此一來，有量出為入的概念時，大家就會用心經營，而不是玩票性質，隨波逐流地做到哪裡算到哪裡。

　　隨波逐流式的經營，不是正確的經營模式，因為我們永遠沒辦法知道明天要怎麼活。若是落實計畫經營，我們就能永遠清楚知道，從年初到年底，我們要怎麼活下去，我們要怎麼做才能得到我們想要的結果。這就是所謂的計畫與預算規劃，這樣一來，我們就可以進一步做到經營上的精進，也就是落實做好開源節流的動作。

　　開源節流，顧名思義，分成兩段：開源與節流。開源就是不斷提升我們的業績，增加我們的收入。節流就是減少我們的支出。對於節流，不能節省到過度，因為會變得非常貧苦，那不是好的生活態度。

需求層次理論

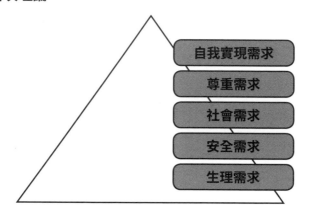

自我實現需求

尊重需求

社會需求

安全需求

生理需求

　　好的生活態度是要滿足自己、犒賞自己，享受當下，再來創造未來的不滿足，如此，老闆才會有經營的動力，上班族才會有工作的動力。

　　坦白說，我不太認同省吃儉用的生活觀。人生只有一次，為什麼要過得那麼辛苦？賺到錢，就應該拿出一部分來犒賞自己、滿足自己，只是在滿足的當下，也要產生更上一層樓的想法。

　　正如馬斯洛（Abraham Harold Maslow）的需求層次理論告訴我們的，人從生理需求、安全需求、社會需求、尊重需

求到自我實現需求，共有 5 個層次的需求，這 5 個層次的需求就是用來不斷創造未來的不滿足，這就是生活的原動力。

企業經營也是如此，要創造未來的不滿足來作為進步成長的原動力。如果我們現在是小微企業，就應該努力成長成中型企業；如果我們現在是中型企業，就應該再努力成長成大型企業；如果我們現在是大型企業，就應該經營成巨型的集團企業。

如果沒有這樣的願景，就沒有人願意和我們一起拼搏。畢竟我們的團隊不會有人想要一直做著基層的工作，我們總要讓團隊有更上一層樓的機會，因此我們必須不斷把組織擴大，讓企業更加成長，把管理階層的機會創造出來，讓跟著我們一起拼搏的團隊有更上一層樓的空間。

當我們的組織可以這樣不斷擴大，不斷新增管理階層的職位，我們身邊才會有愈來愈多的菁英願意留下來和我們一起打拚。

綜言之，在財會的變與不變上，我們不能再活在量入為出的時代，那是貧困的生活觀，我們必須進入量出為入的時代，轉變成計畫的生活觀，如此，我們才會產生想要更上一層樓、想要更加茁壯的動力，而在滿足當下之餘，創造未來的不滿足，迎向成功的未來。

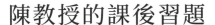

陳教授的課後習題

找 出 關 鍵 痛 點 · 問 題 迎 刃 而 解

財會 | 變與不變

❶ 企業會計的演進為何？

A：從過去的兩套帳到現在的預算節稅規劃。
從過去的財會不分到現在的會計與財務並重。
從過去的從屬地位變成今日的主導管控角色。
應規劃為管理會計→普會→財會→稅務會計。

❷ 財會的角色功能有如此重要嗎？

A：過去是結財報為主要工作，所以不被重視。現在要發揮財報
的解讀分析，因此其角色功能就日益重要，因為已不是只結
財報而已，更重要的是解讀財報，提供經營分析，才能創造
價值。

針對大家關心的問題持續追蹤，並不定期的回覆與互動討論，歡迎讀者踴躍
上線留言。

研發商開

從模仿、專精到創新、複合

研發：模仿 → 創新

一、過去：抄襲模仿的時代
二、現在：改善精進的時代
三、未來：創新創意的時代

就台灣的產業發展史來看，1990 年以前，絕大多數企業在研發的領域上都是以抄襲或模仿的方式來推出新品，因此我將之稱為抄襲模仿的時代。

換言之，1950 年代的台灣，百廢待舉，經濟蕭條，民生艱困。直到進入 1960 年代，才有產業開始發展，經濟、民生等各方面漸趨穩定。

而這個時期發展上來的產業主要是紡織產業、食品產業、電子產業。這是因為日本和歐美國家企業來台灣投資，但是這些投資都是做他們自己的品牌，台灣只是純代工。

台灣當時最大的優勢就是生產。這要追溯到日治時代，台灣有大量勞動者被派到日本做國防軍工生產的工作，二次

大戰結束，日本戰敗，就有部分的勞動者被遣返回台。這對台灣的整個產業發展來說，非常重要。

因為這些人都是在日本參與國防軍工的生產，那是精密的機械產業，他們帶著經驗回台，就讓台灣在精密機械產業的生產上有著不錯的技術，但是有技術不代表會開創，所以1960年代才會在代工生產的過程上漸漸體會到，純代工只是為人作嫁。

也因為他們熟悉這些代工生產的技術，因此就會抄襲模仿他們代工生產的產品，然後推出台灣在地的品牌商品。然而，不可否認的是，因為沒有大品牌的支持，因此他們的產品價格就會賣得比較便宜、合理，這個便宜、合理的產品就帶動了台灣的消費力，也讓獲利的他們開始體會到，事業發展不能再為人作嫁，必須慢慢地走出屬於自己的一條路。

簡言之，1980年代以前，台灣企業的研發是以抄襲模仿為主，但不是大家熟悉的紡織產業、食品產業或電子產業在抄襲模仿，而是泡麵產業在抄襲模仿。台灣在1967年推出的第一包泡麵，就是完全抄襲日本日清的泡麵，此後才開始有自製的泡麵。

若以電子產業來說，我在 1978 年主持一家音響公司時，其實一開始也是完全抄襲模仿國際知名大品牌的產品，後來才在這樣抄襲模仿的過程中漸漸發展出自己的自有品牌。

若以紡織產業來說，台灣企業是在 1960、1970 年代大量幫日本和歐美國家企業代工之下奠定基礎，後來則在抄襲模仿的過程中更加蓬勃發展。

然而，1980 年代以前，台灣企業的研發會以抄襲模仿為主，並不是因為大家不想長進，而是因為那個年代的所得不高，消費又有需求，因此抄襲模仿是第一步。況且當企業沒有自主研發能力時，抄襲模仿是最容易的，因此在創新理論裡，第一個階段就是抄襲模仿的創新。

1980 年至 2010 年，台灣企業的研發則進入創新理論的第二個階段，也就是改善精進的時代。台灣在歷經 1970 年代的十大建設，創造了大量的就業機會，讓整個經濟、社會開始富裕起來之後，進入 1980 年代，台灣製造業有了前一段時間抄襲模仿的生產經驗，就開始發揮進一步的改善與精進。

改善與精進是台灣製造業很重要的立基點。因為台灣製造業開始改善與精進，因此能在 1980 年代之後漸漸有了自己的產品和品牌。當然，此時還是有很多日本和歐美國家的大品牌，把訂單下給台灣，因為他們重視台灣。

不過，若要論起全世界最早靠抄襲模仿上來的國家是誰？就屬我們的鄰國日本。日本是透過代工生產來抄襲模仿，又因為民族性是做事認真嚴謹，追求細膩到無微不至，因此在產品的改善精進上就做得非常傑出，也因此能將自製的消費性電子產品或一般消費性產品發揚光大，在全世界創造一股不可忽視的勢力，讓全世界在 1970 年代開始流行日本的品牌。

而台灣製造業因為幫日本做這些產品，也在這個過程中學到各種經營模式，因此在 1980 年代之後就開始學習日本導入品管圈（Quality Control Circle；QCC）、看板管理來改善精進產品的生產方式。這個方式就讓台灣的電子產業、紡織產業、製鞋產業、機械產業更加成長擴大，也奠定台灣在全世界發光發亮、創造經濟奇蹟的基礎。

1990 年之後，台灣的 PC 產業開始在全世界具有領導地位。這是因為台灣電子產業的製造技術一直在不斷精進，使

得做出來的 PC 產品不僅品質優異，且價格合理，因此能在全世界創造口碑，進而搶下大量的市占率。

與此同時，紡織產業也進入蛻變的革命時代。一般紡織品開始發展纖維科技，也就是我們現在熟悉的奈米科技，這個科技應用到紡織品上，就讓台灣的紡織產業在全世界推出發熱衣、涼感衣等奈米級衣物，讓台灣的紡織產業繼續領先全世界，而不再只是做傳統紡織品的代工生產。

1990 年至 2010 年，台灣的精密機械產業也因技術上的精進，被全世界關注到，並在全世界占有一席地位。

2010 年之後，台灣企業的研發則進入創新理論的第三個階段，也就是創新創意的時代。換言之，2010 年之後，隨著科技的突飛猛進，台灣企業的研發進入了全新的時代，不管是 PC 產業的科技研發、紡織產業的科技研發、精密機械產業的科技研發，都在創新創意上加大投入力道，因此能在全世界創造領先。

以電子產業來說，1990 年代，電腦的出現，開啟了數位時代的來臨。數位時代來臨之前，台灣的電子產業在電子設

備中所使用的電子元件主要是類比 IC，1990 年代轉換成數位 IC 之後，則讓台灣的電子產業得以脫穎而出。

在類比時代，台灣產業是屬於抄襲模仿、改善精進的技術領先，但是跨入數位時代之後，台灣產業因為在數位科技上走出屬於自己的一條路，因此能在整個產品的創新創意上創造很重要的領先地位，也為台灣帶來了第二個經濟奇蹟。

我們今天看到台灣的半導體、電競級電腦、電子零組件產業能在全世界具有領導地位的形象與價值，就是透過創新創意與創價創造出來的。

商品開發：專業 → 複合

一、過去：專業專精的優勢

二、現在：組合銷售的完整

三、未來：一次購足的趨勢

商品開發是指非製造業或非研發的領域。過去台灣企業的商品開發比較偏重在專業專精上，也就是末端成品都是由製造業透過不斷改善，然後專門在某個領域裡做出來的產品，最後推出上市。正如統一是在食品上領先，味丹是在味精上領先，它們都是從生產開始，偏重在專業的領域，而在今天有了一席地位。

台灣很多企業都是如此。這樣的現象帶動台灣末端消費性產品快速崛起，促使很多小工廠的製造業開始意識到，如果只幫別人代工，賺不到什麼利潤，所以就開始推出自己的商品，不過都是偏重在自己的專業生產，比如維力的泡麵、中祥的餅乾、宏亞的餅乾與巧克力。

但是不可否認的是，這些專業生產的廠商也滿足了台灣末端市場的消費需求。因為 1980 年之後，台灣的產業經濟快速發展，所得和消費力隨之提升，這些生產末端消費性成品或食品的企業就有機會來大量提供商品，且不斷改善精進，使得台灣的食品能夠因為專業和專精的關係，對市場提供了很有價值的服務。

但是這樣的服務在進入 2000 年之後，有了很大的轉變。2000 年之後，電商時代出現，使得很多商品從專業經營的模式變成銷售平台經營的模式。過去消費者一定要到實體店購物，現在消費者在線上就可以購物，而消費者可以在線上線下等各種管道做消費的動作，就促使末端商品的市場競爭愈來愈激烈，帶動台灣末端商品消費市場的革命。

我們可以很明顯地看出，台灣現在的末端消費市場已經不再是只靠專業經營就能勝出，必須走上便利的經營模式，才能勝出。談到便利的經營模式，我們第一個聯想到的一定是便利商店或量販店，但是 2000 年之後，電商的崛起，改變了市場的消費模式，我們的經營模式除了便利、方便之外，就還要快速、即時。

最主要的關鍵是，消費者的消費意識有了很大的轉變，這個轉變就是出現 One Stop Shopping（一次購足）的趨勢，這個趨勢改變了整個末端商品開發的市場通路型態，也就是在線下通路上，傳統專業經營的門店櫃型態日益式微，取而代之的是複合店、量販店、百貨公司、商城、Outlet Mall 等複合式經營的大賣場型態崛起；在線上通路上，什麼都賣的電商平台也取代了只賣專業的電商官網。

我們可以很明顯地看到，台灣現在線上的電商消費是以 momo、蝦皮、PChome、Yahoo、博客來等大平台、大商城為主流。線下的實體消費是以三井、麗寶、華泰、高雄義大等大賣場為主流，很多大賣場還結合了高鐵站、捷運站等交通要站，讓消費者購物交通更便利。它們能成為主流，都是贏在 One Stop Shopping 的服務型態。

» 對策
同心圓發展

一、C2B 的逆思考

二、滿足客戶的規劃

三、快準圓的滿意經營

消費習慣的改變，會帶動所有經營模式的蛻變；科技的進步，會加快商品開發與變革的速度。站在消費者的立場來看，這是一個好現象，但是站在企業經營的立場來看，我們就要思考面對這樣的變化，我們應該怎麼應對。

首先是 One Stop Shopping 的出現，加上科技的進步，使得整個行銷模式有了一個很大的蛻變，也就是出現 C2B（Consumer to Business）的逆商業模式。

C2B 的逆商業模式是，過去的商業模式是賣方的供應商提供產品給買方的需求者或消費者，但是後來供應商漸漸發現到，站在賣方提供商品的立場，用自己的認知來做產品，會面臨存貨問題、滯銷問題等經營上的壓力，因此隨著科技

的進步，就開始重視大數據（Big Data）分析，從大數據分析來掌握客戶的需求與變化。

這在行銷上，就是我經常強調的一個重點－ Database Marketing（資料庫行銷），也就是我們要將我們資料庫的統計分析，拿來做排行榜的交叉分析，如此，我們就能清楚知道，我們的商品是哪些客戶在買，而能更精準地做好商品規劃。精準的商品規劃就是符合市場需求、客戶需求。

我們從資料庫的統計分析還能看出，同一類的客戶還會有什麼其他需求，因應這樣的變化，我們就能運用同心圓理論來做商品組合的規劃。

同心圓理論就是，我們對現在的主客群是提供我們本業的商品給他，但是面對這些客戶在購買我們本業的商品時，我們更應該關心他還有什麼其他需求。我們必須了解客戶的延伸需求或周邊需求，但是對於客戶的延伸需求或周邊需求，我們不一定要自己做，可以用外包或外購的方式來滿足他。這就是同心圓第二個圓的延伸商品或周邊商品。

同心圓理論

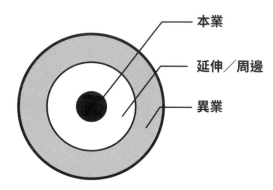

本業

延伸／周邊

異業

　　我經常在課堂上提醒，企業業績要翻倍成長，關鍵就在「我賣的不一定是我做的」。若是依照這個法則執行，業績絕對會翻轉很快。

　　同樣道理，當我們以同心圓第二個圓的延伸或周邊商品來滿足客戶時，我們就應該更進一步思考，我們除了提供我們本業的商品和延伸或周邊的商品之外，我們的客戶有沒有跨出我們本業的異業需求。

　　客戶若有異業需求，我們同樣不一定要自己做，可以用外包或外購的方式來滿足他。這就是同心圓第三個圓的異業商品。當我們以同心圓第三個圓的異業商品來滿足客戶，業

績絕對會翻轉得更快。

若要舉例說明，就是賣鞋子的也可以賣年菜；做養殖產業的也可以賣生鮮；做紡織產業的也可以賣歷史文物的複製品。這些都是我們可以努力的方向，所以為什麼我們只能守在我們的本業？

我過去輔導不少家專門蓋房子賣房子的建設公司，都會提醒老闆：「你蓋好社區、蓋好房子之後賣出去，是不是應該為社區的住戶做物業管理？」物業管理就是同心圓第二個圓的商品。接著我還會提醒老闆：「你蓋好社區、蓋好房子之後賣出去，是不是應該為這個社區的住戶提供更完美的服務，例如提供生活必需品代購？」，生活必需品代購就是同心圓第三個圓的商品。

有接受我的提點的老闆，業績都翻轉得很快。這些老闆也回饋我說：「我從來沒想過蓋房子也可以賣其他商品，現在這些商品的業績還不輸賣房子的業績。」因為蓋房子，賣的是一次性，可是賣其他商品，可以連續性，讓住戶愈來愈滿意。

因此，在研發商開的變與不變上，我們的對策就是要掌握消費趨勢的轉變，運用最新最有效的行銷模式，站在服務客戶的立場，不斷提供客戶要的商品給客戶，讓客戶滿意我們的服務。

陳教授的課後習題

找 出 關 鍵 痛 點 · 問 題 迎 刃 而 解

研發商開 | 變與不變

❶ 研發商開的角色功能演進為何？

A：過去是聽命行事，發揮專長，不負成敗責任，現在是運用整合行銷，主動規劃商品組合，並負命中的成敗責任。

❷ 研發商開是主要規劃商品導入即可嗎？

A：正確的研發與商開是要依行銷的 PM（Product Marketing）規劃出有效的產品發展路徑圖（Roadmap）作為商品的不斷導入與替代，並創造經營效益與市場優勢。

針對大家關心的問題持續追蹤，並不定期的回覆與互動討論，歡迎讀者踴躍上線留言。

資訊

從面對面互動到雲端即時化

》趨勢

手工→電腦系統作業→雲端即時化

一、過去：科技未達的時代

二、現在：電腦興起的時代

三、未來：資通訊的雲端時代

基本上，只要有人類，就會有資訊的存在和需求，但是「資訊」一詞卻是在 1990 年之後，因為個人電腦（Personal Computer；PC）的發明才出現。為什麼資訊一詞是在 1990 年之後才出現？這要從它的歷史演進過程來看。

1990 年以前，科技不發達，當時的資訊稱為情資收集。不管是站在政府的立場、站在企業經營的立場或站在個人生活的立場，當時若想知道一些訊息，就要花很多時間去收集、整理文件，再慢慢歸檔與分類。

這對年輕人來說，可能無法體會，但是對我來說，因為我一直在教書、當顧問、當企業的專業經營者，我需要大量情資作為參考依據，因此我有深刻體會。我在年輕時，我的

書房就有一堆檔案夾，這還不夠，我還會到圖書館查找蒐集相關資料。泡在圖書館，幾乎可以說是我成長過程上一段很重要的歷程。

在當時科技不發達的時代，我因為重視這些情資收集，因此能在教書、輔導企業、主持企業時，獲得很大助益。因為情資是決策的重要參考依據，只是過去的時代，科技不發達，因此我們要時不時去蒐集、閱讀許多資料。

事實上，直到現在，我還是習慣訂閱雜誌、購買書籍，因為我必須透過不斷閱讀、吸收很多新的資訊來做情資收集。

情資收集，若是用在國家的國防或軍事機密上，就稱為情報。相信大家也都知道情報的重要性，情報可以幫助我們判斷很多事情，讓我們做好精準決策，因此收集情報是必要。

正如《孫子兵法》第 13 篇〈用間〉的主軸就是情報戰。它很清楚地告訴我們，想要打贏一場戰爭，就要知己知彼，才能百戰不殆，因此情資收集是必要。

1986 年，我主持寶島眼鏡時，為了讓公司業績快速翻倍

成長，我就做了情資收集去了解公司的主客群與一般客群到底分別占了公司業績結構的多少百分比。

　　我是把過去 3 個年度的銷售資料拿出來做整理和統計分析。一大疊的銷售報表足足花了我 3 個月的時間，還帶了 8 個人，同時去做資料整理和書面統計分析。得到統計分析結果之後，我就根據這個統計分析結果，進行商品結構的調整和整個經營模式的轉變，果然這一調整和轉變，就讓公司業績在一個年度的時間翻升 9 倍。

　　這個實例給我們一個很大的啟示和提醒，就是情資對企業經營的幫助非常大。企業經營若要做出精準決策，就要有大量情資作為參考依據。

　　而「資訊」一詞是在個人電腦發明之後才出現，其實個人電腦早在 1970 年代就出現，只是早期是用來玩遊戲的，後來才慢慢變成用來處理資料的。

　　有一部美國傳記電影《關鍵少數》（Hidden Figures）提到，美國太空總署（NASA）在發展過程上，需要處理巨量資料，就與 IBM 合作，利用 IBM 7090 的資料處理器來處理巨

量資料。當時是以打孔卡的方式來處理巨量資料，光是這個動作就讓我們體會到電腦的好用性。

進入 1980 年代末期，Apple II、IBM、康懋達（Commodore）等個人電腦的快速崛起，則帶動電腦愈來愈普及，也帶動台灣資訊環境大轉變。

台灣今天能成為全世界資訊硬體大國，就是從這個時候開始的。因為數位技術快速超越類比技術，加快電腦的處理速度，使得資訊設備的進步突飛猛進，讓台灣在 1980 年代末期快速進入工業 3.0 的數位化時代。

我們俗稱的「電腦」其實就是資訊的開始。當然，資訊的開始不只表現在硬體的發展變化上，也表現在軟體的發展變化上，這個變化更加強了軟體和硬體同時合併的整合應用，讓台灣在 1990 年代大放異彩。

現在我們所熟悉的 Database、ERP（Enterprise Resource Planning）、CRM（Customer Relationship Management）等系統，都是在 1990 年代快速崛起的，主要是受益於微軟（Microsoft）

讓電腦作業系統的運作從 DOS 變成 Windows，英特爾（Intel）讓處理器的運作變得更加方便、快速。

不可否認的是，電腦硬體的快速替代加深了電腦軟體的重要性，所以早期要收集一堆書面的情報資料來做整理、歸類、分析和研判，現在只要交給電腦軟體和硬體，電腦軟體和硬體就會幫我們做快速的處理與儲存。

而使用電腦軟體的方式是，先把收集到的情報資料整建到資料庫（Database），再把我們要的資料從資料庫中撈出來做整理、分析與研判。這在 1990 年代稱為企業智能（Business Intelligence；BI）。這也可見，電腦的發明與普及，確實改變了人類的所有一切。

我在 1985 年接觸磁碟機，磁碟機後來從軟式變成硬式，再後來變成光碟機，如今已變成大家所熟悉的隨身碟、外接硬碟、行動硬碟，就是因為電腦處理速度加快，再加上資料庫有大量儲存需求，因此促使電腦儲存空間與儲存速度突飛猛進，也促使情報可以快速變成資訊。

情報就是所有資料收集的彙總。資訊則是可以把情報儲存起來，加以分類，讓我們快速地依此做出分析與研判。

　　2010 年之後，網路、通訊與智慧型手機的蓬勃發展，促使我們的工作與生活更方便，再加上電腦與通訊整合在一起，就變成我們今天所熟悉的資通訊產業。資通訊產業就是將電腦的處理透過通訊的訊號，得到無遠弗屆的效果。

　　這開啟了雲端時代的來臨。雲端時代讓我們的工作與生活更加方便。雲端時代就是我們可以將所有資訊存放到雲端，變成一個儲存中心，之後當我們有需求時，上雲端就可以找到我們要的情資。

　　換言之，過去我們要帶著電腦，帶著儲存裝置，帶著磁碟機、光碟機、隨身碟，會覺得不方便，因此當科技愈來愈發達，我們就會愈來愈懶惰，只要手上有智慧型手機或平板電腦，我們就可以做很多事情。想要知道什麼情資，也只要上雲端查找，就能很快找到。

　　2020 年疫情的爆發，更讓我們感受深刻。為了防疫，很多公司都啟動居家辦公、遠距工作。大家不能到公司上班，

不能在辦公區、會議室、茶水間等各個地方面對面地交流互動、討論工作，這在過去是難以想像的，但是科技進步，已使遠距工作可以透過雲端的視訊，得到非常好的溝通效果；疫情的爆發，則加快雲端的普及速度。

雲端的運作，不只適用於遠距工作，也適用於情資的傳遞和醫療的使用。諸如 2021 年 9 月底，澎湖爆發大規模流行性皮膚紅疹，就是高雄的醫療團隊透過遠端視訊設備做遠距會診，才能快速找到致病原因來醫治。

不只台灣，全世界也是如此。因為雲端與資通訊科技的發達，造成汽車產業出現革命性的翻轉，迎來電動車的時代。電動車能取代燃油車，關鍵就在訊號傳遞速度快。

其實過去就有電動車，只是因為當時是利用太陽能的動能，再加上訊號傳遞速度慢，且還要靠人工駕駛，因此很快地就曇花一現的消失。現在的電動車，或電動車進化的無人車，都是運用資通訊技術來協助判斷路況、預防事故發生，且訊號傳遞速度快，未來隨著 6G 的應用，電動車與無人車的反應速度會更快，也更加安全。

這就是科技改變一切,所以我們要了解到,資訊自遠古時代以來,到 1990 年以前,都還是情報的概念,可是 1985 年個人電腦及微處理器(CPU)漸漸發展出來之後,人們就懂得透過機器來處理資料。

　　1990 年之後,微處理器與記憶體技術的快速發展,讓電腦的處理速度更快、儲存資料更久,帶給全世界很大的變革,讓全世界的工業性產業、消費性產業、知識性產業、國防軍工產業都能應用。

》對策

與科技接軌

一、AI 的快速導入

二、雲端管理的重視

三、即時經營資訊，精準經營決策

有了科技不斷進步、科技改變一切的認知，我們如何應用與應變？

第一個對策是 AI（人工智慧）的快速導入。我們可以用工業革命來做一個理解。第一次工業革命發生在 1776 年，是機械化革命；第二次工業革命發生在 1960 年，是機械和電機整合在一起的自動化革命；第三次工業革命發生在 1990 年，是資訊化革命；第四次工業革命發生在 2010 年，是自動化與資訊化整合在一起的 AI 革命。

1776	1960	1990	2010
▪ 第一次 工業革命	▪ 第二次 工業革命	▪ 第三次 工業革命	▪ 第四次 工業革命
▪ 機械化	▪ 自動化	▪ 資訊化	▪ AI 化

AI 革命意味著現在的電腦在記憶資料、統計資料、分析資料上已強大到可與人腦相比擬，且處理速度快，因此不管做什麼行業，都要運用 AI 來整建資料、儲存資料、處理資料和應用資料。

　　AI 可以用在醫療產業、知識產業、教育產業、各種需要做消費統計分析的產業，AI 也改變了我們的消費習慣，過去我們習慣親自到現場看貨、買貨，現在漸漸傾向先在手機、電腦上看到想要知道的所有情資，再決定要不要直接在線上購買，或先到現場體驗後再買。

　　若以製造業來說，AI 的導入就變成 AI 化的生產製造。這也意味著未來的生產製造不再需要靠人類，可以運用工作站的方式，讓每一個工作站都用電腦來處理。換言之，過去的生產製造都要靠人來處理，現在漸漸演變成可以靠機械的自動化或 AI 化來處理，這也促使很多無人工廠應運而生。

　　諸如我過去主持一家電子零件產業公司，我們在台灣蓋的第四廠是 AI 化工廠，雖然蓋第四廠花了 10 億元，但是廠內員工數不超過 12 人，如此就可省下很多的照明設備與費用。

再者，AI 的導入也可以變成自動倉儲。過去我們提到倉儲，多半都會想到倉庫內有很多的倉位與貨架，然後還要靠人工來搬運，靠堆高機來處理貨品的存放與移動，可是現在有了自動倉儲，就可以一切都是電腦在處理，然後靠輸送帶來進行貨品的存放與移動、入庫與出庫。

換言之，AI 的導入，不僅改變了我們的生活，也改變了企業的經營模式。諸如餐飲業，過去是做到網路點餐，現在可以做到連送餐都是交由機器人來做。疫情期間，也有不少飯店業者為了防疫，啟用機器人來送餐、送行李。因此，我們要正視與跟進。

第二個對策是在資通訊科技快速變化的時代，雲端管理成為企業經營的必然。我會建議所有企業經營者都要快速導入雲端管理。以我個人來說，我很早就導入雲端管理，尤其是使用 EIP（Enterprise Information Portal），EIP 是資訊管理平台。

當公司有資訊管理平台，不管公司的工廠、供應商在全世界何處，我都可以在我的辦公室第一時間就聯絡上。換言

之，雲端管理就意味著已經沒有時空距離的存在，已經沒有時間和距離的阻礙，所有一切都可以在第一時間得到完整的互動與滿足，所有資訊情報的傳遞也都可以在第一時間收到效果。

若以企業經營的角度來看，雲端管理已不可或缺。我就善於雲端管理，因此我不見得每天都要到公司上班，但是我每一分鐘都在為公司做事，因為我用手機、電腦，就可以連上公司的資訊管理平台。

這個資訊管理平台可以把公司所有文件都放進去，包括公司的 KM（Knowledge Management）、出勤、制度規範（規章辦法與 SOP）、行事曆、表單、會議記錄等。

有了資訊管理平台，我們只要做好分類，散布在各地工作的同仁、供應商、客戶就可以登入我們的資訊管理平台來得到他們想要的情資。

更何況未來會出現新的工作模式，也就是自由工作者（Freelancer）會崛起，屆時更需要雲端管理。因為自由工作者是在地工作或在家工作，他可以為我們公司做事，卻不需

要到我們公司來做事。這種無遠弗屆的工作模式，坦白說，在 20、30 年前是難以想像的，但是現在已漸漸成為企業經營的常態。

以前我做國際貿易，一定要飛全世界，親自與當地的客戶碰面、談生意、了解市場變化情況，因此我的感受很深刻。截至目前為止，我已走過 116 個國家、575 個城市。然而，隨著科技進步，現在已不需要親自飛往當地，在台灣、在家裡就可以完成這些事情。

換言之，科技帶給我們非常多的便利，因此我們必須順應科技的變化趨勢，正視雲端管理，善用雲端管理。雲端管理需要兩大設備作為溝通的平台工具：一是 ERP（Enterprise Resource Planning）；二是 EIP。ERP 幫我們處理資訊，EIP 幫我們將資訊放到平台上分類儲存。

這也意味著未來做行政工作或文書處理工作的人會失業，因為這些工作透過雲端管理來做時，就不需要他們了。

諸如過去我交辦事情給秘書時，他會需要邊聽邊做筆記，聽完後還要整理筆記，現在只要拿起手機來錄音，就可以把

口述變成文字，也可以傳遞訊息。過去我們想要有張照片可以留作紀念，一定要用相機拍照，並將相片洗出來，放在相簿裡，若要分享給別人，還要用郵寄的；現在只要用手機拍照，就能立即看到照片、保存照片、分享照片。這就是雲端管理在生活上的應用。

第三個對策是精準決策（Lean Deceptions）。精準決策有3個依據：一是 Database 的資料要完整；二是 Database 的處理速度要快；三是我們在判斷的過程上要有利弊得失的比較分析，SWOT 分析是幫助我們分析競爭態勢的有效工具。

SWOT 分析能找出我們的優勢與劣勢、機會與威脅，30年前被倡導時，還只用於文書整理，現在已直接透過電腦系統來整理，電腦系統整理好之後會主動告訴我們，我們的優勢在哪裡、劣勢在哪裡，我們現在有什麼樣的機會，會面臨什麼樣的威脅，建議的對策模式是什麼。這就是精準決策的運作。

如果有人和我一樣喜歡看科幻電影，還能在一些電影看到，太空人都會和 AI 電腦對話，AI 電腦甚至可以透過分析

來指揮太空人的所有行動。當太空人遇到狀況，自己判斷不出該怎麼辦時，就會問 AI 電腦，AI 電腦就會把分析與預測結果告訴他，供他參考。

　　換言之，AI 時代的來臨，給了我們非常大的幫助，讓未來我們在做事情的判斷或經營的決策上，不再透過我們的經驗、喜好、感覺去做，而是透過雲端去做，雲端才會帶給我們更精準的決策參考依據。

陳教授的課後習題
找 出 關 鍵 痛 點 · 問 題 迎 刃 而 解

> **資訊** | 變與不變
>
> ❶ **企業資訊化有那麼必要與重要嗎?**
>
> A:在 1990 年以前是不被強調,現在已是不可或缺的一項經營管理配備,從小微企業到集團化企業都要重視,因為它是企業制度中的 SOP(標準作業流程)。
>
> ❷ **資訊化的必要配備有哪些?**
>
> A:任何規模的企業都需要以下兩項配備:
>   1. EIP:企業資訊平台。在雲端管理的時代,雲端的平台工具是不可或缺,因為它是溝通管理的一項工具。
>   2. ERP:企業資源規劃。亦可稱為企業的 SOP,它是讓企業的各項運作均有標準作業依據,也可藉此展出 BI 的企業經營資訊分析,進而進行 AI 的精準分析決策,這可依企業規模大小來漸進導用。

針對大家關心的問題持續追蹤,並不定期的回覆與互動討論,歡迎讀者踴躍上線留言。

Chapter 2-7

經營管理
謀定後動的策略地圖

埋頭努力→事業規劃→策略地圖

一、過去：努力一定會成功的時代

二、現在：運用經營管理倍增成效的時代

三、未來：超前規劃部署的勝出時代

經營管理模式是企業在經營過程上很重要的運作基礎和方法，因此我們必須了解它的歷史演進過程和未來發展趨勢。

企業在經營過程上需要收集大量的資訊情報作為經營管理的決策參考依據，但是 1990 年以前，經常會有資訊情報收集不完整的狀況，因此很多老闆都是透過經驗的累積、技術的精進，再加上不斷的努力，來成就自己的事業。

諸如大家熟悉的鴻海集團，在 1974 年其創辦人郭台銘創業之初，只是一家做黑白電視機選台按鈕的作坊式小工廠，後來為了掌握模具技術，蓋了模具廠，接著憑藉不斷的努力，拉開與同業的距離，也憑藉技術的精進，抓住個人電腦開始興起的機遇，進入電腦連接器的領域，才開始做大。

我們也可以知道，台灣能在 1970 年代創造經濟奇蹟，主要是因為台灣開放加工出口區，吸引大量歐美日企業來台設廠，雇用大量勞動力，在人人普遍刻苦耐勞、努力打拚下，促使台灣經濟快速發展上來，帶動所有企業跟著茁壯上來。

所以自古以來，我們才會經常聽到很多心靈雞湯是：一個人或一家企業要成功，就要不斷努力、不斷精進；只要努力，就能成功；只要埋頭努力，就能出人頭地。

可是這樣的心靈雞湯在今天，就會讓我們覺得不可思議。因為我們不需要投資那麼多時間，甚至一天不需要工作那麼長時間。

這是因為在第一次工業革命之前，人們做任何事情，都要靠勞力來完成，靠勞力才能擁有生活上的物資。諸如要穿衣，就要自己去養蠶、自己去紡織，才會有布的產出，可以做成衣服穿；要吃飯，就要自己去耕種，才會有稻米蔬果的產出，可以再加工成其他食品吃。這些都是要透過努力才能做到。

不管是生活面或經營面，這些都是人們已經走過的歷史軌跡。當然，不可否認的是，當人們的知識取得更加快速、技術鑽研更加精進、各方面整合更加優質時，一切就會有跳耀式成長。

諸如 1970 年至 1990 年，台灣的製造業、電機產業就快速蓬勃發展。1990 年之後，個人電腦普及，掀起資訊化革命，全世界的國際貿易就更加興盛，企業的發展就更加無遠弗屆，促成台灣很多小微企業茁壯變成大企業。

基本上企業經營在 1990 年以前，可以說是唯有努力，才能出頭天，但是 1990 年之後，努力就不再是萬靈丹。這不是說努力變得不重要，而是比起努力，資訊情報的掌握與貼近市場需求更為重要，這創造了很多企業的崛起與擴大。

諸如鴻海集團自 1990 年代開始透過零組件模組化快速出貨與服務（Component Module Move Service）的經營管理模式，一躍成為全球最大電子產品代工集團。除了鴻海之外，台灣很多食品產業也因為在經營管理上的精進，變成集團的發展，諸如統一集團、味丹集團、味全集團。

而在經營管理上最不能忽視的企業集團就是台塑集團。其創辦人王永慶過去被尊稱為經營之神，其實就是因為他對經營管理非常重視，也做得非常到位，因此台塑集團才能在他的主導下，一躍成為世界級石化集團與台灣最大石化原料供應商。

　　現在資訊科技的演進與變革，讓整個知識管理變成企業經營的新模式。因為我在大學教書，也在企業做諮詢輔導，因此對這段歷程的感受非常強烈。過去我的課程都偏重在如何帶動團隊、激勵團隊士氣，讓團隊樂於投入工作，但是1990年之後，我的課程就轉變成偏重在引導企業如何運用制度化的經營和統計分析的方式來尋找企業發展的契機。

　　企業經營從過去只會埋頭苦幹，到現在變成透過知識的取得來作為經營管理的改善依據，這是我們必須體會到的一個重大轉變。

　　正如現在很多企業的老闆、主管、上班族在事業有成或工作穩定之後，都會想要到大學的 EMBA（Executive Master of Business Administration；管理碩士在職專班）進修學習。其實台灣的 EMBA 早在 1996 年就出現，只是當時沒有被重視，

直到 20 年後，才在全台普及。

台灣第一個為企業主或高階主管開設經營管理進修班的就是政大企家班，班上會分享很多新的經營管理理論、策略與方法，這對企業的整個經營成長助益很大。

我在聯聖企管創立以來的 30 年來，也不斷以公開班、專班、實作班、輔導案、內訓等方式，引導企業在經營管理上如何改善與精進。我在這個過程中深深體會到，台灣企業的經營者與有心自我成長的上班族其實都是很樂於學習的，他們的樂於學習就為企業的經營與管理創造了倍增效益。

因此，1990 年之後，這些企業的業績就出現了跳躍式成長。過去我們所看到的一些小微企業，今天都變成巨型企業；過去我們可能看不上眼的公司，今天都變成世界級的公司。因為他們學到了經營管理的新知識、新方法、新工具、新技巧，且好好地應用在經營管理上。

這也可見，經營管理模式的轉變會帶來很大的貢獻。早期大家是透過勞力來埋頭苦幹、努力不懈，後來大家是透過設備來取代勞力，但這都還只是在追求效率提升的階段；直

到 1990 年之後，資訊發達，讓大家開始接觸到很多不同的方法模式，且科技工具帶給我們很大的幫助，才讓企業經營有了跳躍式的翻轉。

我將之稱為經營管理模式的倍增效益。經營管理模式的意思就是將過去成功、有效、對的方法整理起來，供後人能夠快速吸收、導用，創造更大的價值效益。

這也告訴我們，不能忽視資訊科技的應用帶給企業的幫助。過去我們想要知道什麼經營管理論點或案例，都要苦苦靠著經驗的累積或實際到現場觀察、調查、收集資料來了解，現在只要上網一搜，就能立即了解。

這就使得台灣的企業與年輕世代在經營管理模式上有一個同步的認知，且能快速取得有效的方法與工具來作為精準決策的參考依據。

換言之，現在與未來時代，企業經營要勝出，是靠方法和工具的應用，不再是靠勞力和經驗的累積。因為靠經驗，需要經過數十年的累積，但是靠方法和工具，只要幾分鐘時間，就可以擁有別人數十年的經驗累積，用於經營管理上。

若以管理理論的演進史來看，最早期是泰勒（Frederick Winslow Taylor）的科學管理，科學管理之後是費堯（Henri Fayol）的行政管理，行政管理之後是梅育（Elton Mayo）的霍桑研究、馬斯洛（Abraham Maslow）的需求層次理論等行為管理，行為管理之後是彼得·杜拉克（Peter Drucker）的管理科學理論，管理科學理論之後有麥格雷戈（Douglas McGregor）的X理論和Y理論、柏恩斯（T. Burns）與史塔克(G. H. Stalker)的權變理論，權變理論之後是知識管理。

　　知識管理被倡導之後，彼得·聖吉（Peter Senge）在《第五項修練》提出的學習型組織就成為主流。學習型組織之後就是克里斯汀生（Clayton Christensen）提出的破壞性創新，亦即創新有3種：先用模仿創新來快速賺錢活下來，再用改善創新來做得比別人好，最後就是用破壞性創新來跳躍式進步。

　　從泰勒的管理理論一路演進下來，所有的管理理論都提供我們整理出一個方法模式，供後人在經營管理上可以快速擷取、分析和應用，讓後人可以省掉數十年的奮鬥拼搏和經驗累積，只要付出短短幾分鐘時間，就能取得有效的方法模式來創造倍增效益。

進入 2020 年之後，雲端時代的開啟，促使經營管理模式又有新的轉變，亦即雲端的快速傳輸，讓企業經營可以快速取得、少量擁有。且 2020 年之後，全世界為了防疫所做的鎖國與封城，更加速迎來去全球化時代，促使遠程國際貿易漸漸式微，區域經濟快速崛起。

過去的國際貿易是產銷分立，產和銷是分別交給各個地區專屬來做，然後透過遠距離的物流配送來達到供需之間的平衡，但這終究是遠距離的物流配送，可能需要 20、30 天的海運才能抵達，然而，疫情肆虐全球，擾亂全球海運物流鏈，就導致交貨延遲，雪上加霜。而科技進步，改變了消費者的消費習慣和企業的經營模式，區域經濟共同體就應運而生。

目前全世界主要的區域經濟共同體，在亞洲有 AEC（東協經濟共同體）、RCEP（區域全面經濟夥伴協定）、CPTTP（跨太平洋夥伴全面進步協定），在歐洲有歐盟（EU），在美洲有北美自由貿易區（USMCA）、南方共同市場（MERCOSUR）。

這代表它們在它們的區域裡會有關稅減免優惠，且區域

裡的產業鏈若已臻完備，就能達到就近供貨、在地供貨的效果，也就是交期很短，物流配送的時間很短，可能 3 天內就可以到貨，這就改變了企業的經營模式。

換言之，在地化與就近供貨是企業經營的必然，且身為商品提供者，必須學會自動撥補，也就是對我們的客戶、經銷商或下游廠商的需求要非常了解，讓他們的存貨只有短期 3 天內的需求量，當他們有所消耗時，我們就可以在 3 天的週期內撥補給他們，如此就皆大歡喜。

因為這個模式一反過去需求者必須備貨的觀念，不僅需求者不再需要囤積大量存貨，供應者也可以掌握需求者的未來需求，走上計畫性生產。這讓企業的經營模式有所進步和改善。

我在 1986 年主持寶島眼鏡時，就運用這個模式，創造很大的效益。當時寶島眼鏡有 65 家分店，鏡片庫存 30 萬片，3 年後展店數達到 300 多家時，鏡片庫存卻只剩下 10 萬片。總店數增加近 3 倍，庫存卻只剩下 1/3，就是透過自動撥補的經營模式。

這種經營模式非常符合短距離交貨、快速交貨、低存貨量的經營訴求。這種經營模式的出現，改變過去需求者需要大量存貨的概念。過去因為運輸不方便，供應者必須要求最低訂購量（Minimum Order Quantity；MOQ），現在因為科技進步、交通便利，且雲端的聯絡更快速，因此運用這種經營模式來取代過去傳統的經營模式，更能創造超前部署的勝出效益。

» 對策

從未來看現在

一、學會策略地圖規劃願景

二、進行國際布局擴版圖

三、整合資源形成集團化

四、運用分權的敏捷經營

當科技進步飛速，促使全世界的經濟板塊、市場板塊都發生變化時，企業在經營管理模式上可有什麼對策？

首先，我會鼓勵所有企業要開始規劃策略地圖。策略地圖源自 1990 年代，企業主開始發現到，企業經營不能只解決眼前需求，還要看遠一點，如同管理學告訴我們，要建立企業共同願景，也就是企業主要先確立企業的經營理念與未來願景，再與企業全員溝通，形成共識。這個共識包括企業全員要有共同目標，這個共同目標不是明天的共同目標，而是未來的共同目標，這就促使策略地圖應運而生。

策略地圖可分成短程、中程、遠程，短程的策略地圖是 3 年，中程的策略地圖是 5 年，遠程的策略地圖是 10 年。策略

地圖能讓企業規劃未來業績要做多少，利潤要創造多少，經營戰略如何制定，組織架構如何規劃。

　　從策略地圖的規劃，我們就能很明確地決定我們的年度計畫。這個年度計畫是我自 1973 年開始倡導計畫經營之後，與經營管理學理整合的產物。換言之，為了落實計畫經營，就要做年度計畫，年度計畫整合了目標管理、計畫管理、專案管理及績效管理，是我實證有效的一個經營管理模式。

　　當然，策略地圖與年度計畫不只有企業經營才需要做，個人的人生規劃也需要做。相信大家從小都聽過「人要有志向」，其實這並不是一個概念，以我為例，我在 19 歲就規劃了我的一生。

　　很多人看到我現在既在大學教書，又在企業當專業總經理，非常有成就，就很羨慕，而我總是不吝嗇地與大家分享，其實我只是在 19 歲時就立下志向，要在 40 歲時當到企業總經理及大學教授。

　　當然，有了這個遠程目標，就要想辦法拉近，於是我就很清楚知道，我在 30 歲時必須在大學教書，也必須在企業當

到經理，如此，我才能在 40 歲時實現我的人生理想。

這也讓我在還沒有考大學時，就決定我要念研究所，且在大二時，就決定我的研究所碩士論文題目，所以我很快地在台灣拿到碩士學位，且還是透過半工半讀拿到的。也因為我在碩士班的學業成績是第一名，可以拿到獎學金，因此我就用這筆獎學金到美國留學，一年半後拿到第二個碩士學位。

當時我的教授希望我繼續念博士，但是我不是為了學位而來，而是為了為台灣中小企業做事而來，更何況我當時已在大學教書，博士對我來說並沒有吸引力，倒是如何應用才是我人生最大的期盼，因此我就果斷回台灣。

如今回想起來，我可以肯定的說，我當年的決定是對的。因為我回到台灣之後，1976 年開始當上專業總經理，1986 年升任副教授，1991 年升任正教授。同時，我不只在大學任教、在企業任職，還為很多企業做諮詢輔導，盡量利用時間發表論文、分享經驗。

因此，策略地圖與年度計畫是可以用在人生規劃上的，我也將這樣的經營管理模式用在企業經營上。這也是為什麼

這麼多年來我主持的企業都能在短短 3 年內業績成長 4 倍到 139 倍。其實業績能翻倍成長，並不是因為我有什麼特殊奇蹟，也不是因為我有多偉大，而是因為我做了策略地圖與年度計畫，一步一腳印，將之實現的，因此我才會這麼積極地倡導策略地圖與年度計畫。

這也可見，企業的經營管理模式不是靠努力打拚，而是運用正確的方法，透過溝通，讓整個企業團隊的成員同心協力地朝著我們的共同願景目標邁進。運用正確的方法，諸如併購與策略聯盟的運作，讓企業快速做大，是策略地圖帶給我們的一大幫助。

第二個對策是我這些年來一直對企業大力倡導的，也就是台灣企業一定要趕快進行國際布局，進行國際化的發展。

因為台灣的市場規模太小了，雖然現在有 2300 萬人，但是根據國發會的推估，到 2070 年會減少至 1700 萬人，足足少了 600 萬人，市場的消費力肯定會大減。如果我們一直把心思放在台灣市場，業績想要成長就會很辛苦，因此企業經營絕不能原地踏步，必須想辦法擴大。而要擴大，就要往外

發展，進行國際布局。

　　任何有願景的公司都要進行國際布局。我會不斷倡導國際布局的必要性，就是因為發現到台灣絕大多數企業的思維都太狹隘了，只是在想現在和當下，沒有思考下一步該怎麼做，沒有思考未來會面臨什麼樣的情境，因此我會鼓勵大家應該抬起頭來，看看外面的世界，多了解一些未來市場和環境的變化，做好應變，才能讓我們的企業得到永續經營的效果。

　　企業經營要盡社會責任，要盡社會責任就要永續經營，盡社會責任（Corporate Social Responsibility；CSR）和永續經營（Environmental, Social, and (Corporate) Governance；ESG）已變成現在大家琅琅上口的名詞，可是這不是一個名詞觀念而已，還要實現，才有意義，因此任何企業都要趕快進行國際布局。

　　如何進行國際布局？可以是在各個區域市場、區域經濟共同體中建立我們的產業鏈，然後大量啟用當地人。因為台灣的年輕世代未來不一定願意到海外工作，也不一定有多國

語言能力，因此我們要盡量啟用當地人。

　　台灣現在最大的優勢就是很多第三世界國家的學生都到台灣來留學，我都鼓勵企業去晉用這些留學生，在我們身邊工作 3、5 年，對彼此都有一個了解和默契後，再讓他回到母國，如此就能成為我們力量的延伸。

　　第三個對策是讓企業不再是獨資的經營型態。台灣企業早期的發展都是中央集權的獨夫式經營，這種模式雖然可以經營得不錯，也能讓觸角伸出去，但是常常會遇到衝擊之後就縮回來。這印證了企業要做大，絕對不能守在集權管理模式，要開始懂得授權，運用授權管理模式，建立我們的管理團隊。

　　當然，有了管理團隊之後，還要進一步運用我所倡導的責任中心制、內部創業制等分權管理模式，讓我們培養出來的菁英主管有獨當一面主持企業的機會，甚至可以當一個現成的老闆。

我在 1986 年主持寶島眼鏡時，就導用了內部創業制，讓寶島眼鏡可以快速擴張成集團化經營。除此之外，美髮連鎖的曼都、餐飲連鎖的王品可以快速擴張成集團化經營，也是因為接受了我的提點，導用了內部創業制。

　　所以集團化經營是未來企業經營很重要的發展模式，否則我們辛苦培養出來的菁英，我們若是不讓他有一展長才的機會，他一定會離開。當他離開後，若是自行創業，就會變成我們的競爭對手。

　　這就等於我們在培養我們的競爭對手，因此為了避免落入如此窘境，我們應該運用集團化經營模式，讓他成為我們力量的延伸，而他在我們的體制下，也能實現他的人生理想、滿足他的人生需求。這就是集團化經營帶來的雙贏效果。

　　第四個對策是運用分權管理模式集團化之後，也讓菁英主管有參與投資的機會，鼓勵菁英主管自主發展。

這些年來，我經營集團企業，都不會限制主管的想法，反而讓他們有發展的空間，這就是敏捷管理的概念。換言之，敏捷管理的概念就是讓我們的團隊成員不斷用自己的想法去承擔自己的責任及實現自己設定的目標，甚至超標。

　　若是分權管理結合敏捷管理，他們還能變成我們的次集團，諸如鴻海集團旗下就有很多次集團，如此一來，企業的王國就會擴得更大，經營的事業就會更加茁壯，永續的效果也能更加彰顯。

陳教授的課後習題

找 出 關 鍵 痛 點 · 問 題 迎 刃 而 解

經營管理模式 | 變與不變

❶ 企業經營的新趨勢為何？

A：進入 21 世紀，台灣的企業會因科技與市場的變化，必須重視國際布局、分權管理的新趨勢，否則就會畫地自限。

❷ 為何要做國際化與分權化的規劃？

A：這是因應新世代的國際視野與思維的認知，也是因為新世代的自主意識與創業興趣，因此如何變革就成為企業經營模式轉變的必要。

針對大家關心的問題持續追蹤，並不定期的回覆與互動討論，歡迎讀者踴躍上線留言。

台灣商業策略大全

布局台灣向世界突圍的14個致勝關鍵

作者陳宗賢 **統籌**唐美娟 **文字編輯**吳青娥、胡榮華 **設計** RabbitsDesign **行銷企劃經理**呂妙君 **行銷專員**許立心

總編輯林開富 **社長**李淑霞 **PCH生活旅遊事業總經理**李淑霞 **發行人**何飛鵬 **出版公司**墨刻出版股份有限公司 **地址**台北市民生東路2段141號9樓 **電話** 886-2-25007008 **傳真**886-2-25007796 **EMAIL** mook_service@cph.com. tw **網址** www.mook.com.tw **發行公司**英屬蓋曼群島商家庭傳媒股份有限公司城邦分公司 **城邦讀書花園** www. cite.com.tw **劃撥**19863813 **戶名**書蟲股份有限公司 **香港發行所**城邦（香港）出版集團有限公司 **地址**香港灣仔洛克道193號東超商業中心1樓 **電話**852-2508-6231 **傳真**852-2578-9337 **經銷商**聯合股份有限公司（**電話**：886-2-29178022）金世盟實業股份有限公司 **製版印刷** 漾格科技股份有限公司 **城邦書號**KG4020 **ISBN** 9789862897140・9789862897263（EPUB）**定價**450元 **出版日期**2022年5月初版　　**版權所有・翻印必究**

國家圖書館出版品預行編目(CIP)資料

台灣商業策略大全：布局台灣向世界突圍的14個致勝關鍵
/陳宗賢著. ‐ 初版. ‐ 臺北市：墨刻出版股份有限公司出版：
英屬蓋曼群島商家庭傳媒股份有限公司城邦分公司發行,
2022.05
　面；　公分
ISBN 978-986-289-714-0(平裝)
1.CST: 企業經營 2.CST: 企業策略 3.CST: 組織管理

494.1　　　　　　　　　　　　　111005851